基金项目：

1. 苏州城市学院文正智库研究成果

2. 国家统计局全国统计科学研究一般项目（立项编号：2019LY14）基于大数据的中国互联网协同治理与政策设计研究

3. 江苏省社科应用研究精品工程一般项目（项目号：21SYB—050）：我国互联网协同治理模式与实现路径研究

基于大数据的中国互联网治理与政策分析研究

尹 楠 著

Wuhan University Press
武汉大学出版社

图书在版编目(CIP)数据

基于大数据的中国互联网治理与政策分析研究/尹楠著. —武汉：武汉大学出版社，2023.1

ISBN 978-7-307-23353-9

Ⅰ. 基… Ⅱ. 尹… Ⅲ. 互联网络－管理－研究－中国 Ⅳ. TP393.407

中国版本图书馆CIP数据核字(2022)第185586号

责任编辑：黄朝昉　　责任校对：孟令玲　　版式设计：文豪设计

出版发行：**武汉大学出版社**　（430072　武昌　珞珈山）

（电子邮箱：cbs22@whu.edu.cn　　网址：www.wdp.com.cn）

印刷：三河市京兰印务有限公司

开本：710×1000　1/16　　印张：12　　字数：205千字

版次：2023年1月第1版　　2023年1月第1次印刷

ISBN 978-7-307-23353-9　　定价：58.00元

第一部分　中国互联网治理的基本情况

随着互联网的普及，网络空间同现实社会一样逐渐成为人们新的生活空间，人们日常的诸多行为都与互联网紧密相关。网络空间不是“法外之地”。网络空间是虚拟的，但运用网络空间的主体是现实的，因此必须对互联网进行有效的治理。本部分主要介绍中国互联网治理的基本情况，首先阐述了互联网治理的重要性、中国互联网治理中的安全性问题、中国互联网治理的历史进程、互联网治理的主流技术与手段；其次对互联网治理的相关概念进行界定并简要介绍相关的理论基础；再次探讨了学者们对互联网治理的相关研究进展，包括互联网治理研究、互联网协同治理研究，以及互联网治理的研究方法以及研究述评；最后对我国互联网治理的现状与问题进行了分析。

第一章 中国互联网治理的时代背景

第一节　互联网治理的重要性

互联网作为20世纪人类最伟大的发明之一，深刻地影响和改变着中国和世界。截至2020年12月，我国网民规模已达9.89亿人，互联网普及率达70.4%，手机网民规模达9.86亿人，网络购物用户规模达7.82亿人。[①] 我国的网民数量、固定光纤网络覆盖范围、移动4G网络规模、电子商务交易额、移动支付交易规模均居世界第一。使用网络观看新闻、网络社交、拍摄发布短视频、网络直播等已经成为网民日常活动中不可或缺的重要组成部分，互联网已深度融入经济、社会和生活的方方面面，成为人民群众获取信息、学习知识、交流思想、购物消费和休闲娱乐的重要平台。特别是随着人工智能（AI）、大数据、区块链、物联网、虚拟现实等新一代信息技术的加速应用，5G网络的加速部署等，互联网在未来将更加深刻地融入我们每个人的生活，在企业和政府效率提升、个人生活便利、社会可持续性发展等方面带来巨大的经济和社会效益，而互联网新技术也将持续引领我国经济社会创新发展。

互联网的迅猛发展，正深刻地改变着人们的生活方式、行为方式和价值观念，网络已经成为信息传播、人际沟通和文化交流的重要渠道，正逐步渗透到经济、社会、生活的方方面面。然而，互联网的蓬勃发展也带来了诸多风险和挑战。比如，互联网上存在网络诈骗、网络暴力、网络色情、网络谣言等大量违法犯罪行为和有害信息；网络娱乐平台“打擦边球”，色情暴力内容在游戏中仍然屡禁不止；甚至在有些国家，互联网成为极端思想和恐怖信

---

① 中国互联网络信息中心. 第47次中国互联网络发展状况统计报告［R/OL］.（2021-02-03）［2021-07-08］. http://www.cnnic.net.cn/hlwfzyj/hlwxzbg/hlwtjbg/202102/t20210203_71361.htm.

息传播的重要场域，还有些国家的社会治理或政治选举也受到网络内容的影响。[①] 习近平总书记指出："网络空间是亿万民众共同的精神家园。网络空间天朗气清、生态良好，符合人民利益。网络空间乌烟瘴气、生态恶化，不符合人民利益。"网络非法外之地，要强化对电信网络诈骗的防范打击责任，加强对个人隐私泄露衍生的灰色产业链的监管力度。需要对互联网内容加强治理，让技术能够更好地为社会服务，坚持依法治网、依法办网、依法上网，让互联网在法治的轨道上健康运行，发挥互联网的最大价值，更加便利百姓的生活，让人民群众获得更大的幸福感。

与现实社会相比，互联网治理面对的问题更为复杂。因为网络系统具有开放、快速、分散、互联、虚拟和脆弱等特点，网络用户可自由访问任何网站，不受时间与空间的限制，使得网络攻击者有可乘之机，运用各种技术与漏洞，破坏网络空间的秩序与安全。当前，网络生态环境仍有不小的改善空间，特别是色情低俗、网络暴力、恶意营销、侵犯公民个人隐私等负面有害信息的花样不断翻新，极易反弹反复。如果不迅速出击，全力遏制，网络生态环境就会遭受重创。互联网治理是一项基础性、长期性任务，需要建立完善长效治理机制，让网络空间持续清朗，让网络生态更健康，为网络发展消除障碍、提供动力，最终目的是让我国近 10 亿网民受益，使网络发展更繁盛。依法治理互联网，是维护社会和谐稳定、维护公民合法权益、促进网络空间健康有序发展的必然之举和迫切需要。

第二节　中国互联网治理中的安全性问题

互联网是 20 世纪人类最伟大的发明，以网络承载的新科技正改变着人们的生活。诞生于美国的互联网自问世以来，从军事逐步扩大应用到教育和科技领域，后来迅速向政治、经济、社会等领域蔓延，其战略地位超越领土、领海、领空和太空，给人类带来了巨大的历史变革。随着信息成为各国发展的重要战略资源，国家间围绕着信息的获取、使用和控制的竞争也越发强烈，互联网的安全成为维护国家安全和社会安全最重要的部分。

我们在看到互联网对经济社会发展的巨大贡献和强劲助推作用的同时，

---

① 田丽. 互联网内容治理新趋势 [J]. 新闻爱好者, 2018, 487 (7): 11-13.

也要清醒地看到，互联网是把“双刃剑”，网络世界并非真空和净土，我们不可能只享受互联网带来的“红利”和方便，也应看到互联网带来的诸多风险和挑战。随着信息技术的进步，互联网已全面进入国家政治、金融、能源、信息、军事等各个领域。一旦出现网络漏洞，不仅国家安全遭受到威胁，相关的民生、经济和信息系统也会失灵，甚至导致网络系统瘫痪，危及国家安全。因此，网络安全拥有极大的战略利益和价值，成为国家竞争的新空间，网络安全威胁已然成为国家安全的首要问题。回首人类社会的发展，还没有任何一项科技发明像互联网一样如此广泛深刻地影响人类的生产生活，如数据资源成为“新生产要素”，信息技术领域成为“新创新高地”，互联网、工业互联网、物联网等成为“新基础设施”，数字经济成为“新经济引擎”，信息化成为“新治理手段”。正如习近平总书记所指出的，“互联网发展给生产力和生产关系带来的变革是前所未有的，给世界政治经济格局带来的深刻调整是前所未有的，给国家主权和国家安全带来的冲击是前所未有的，给不同文化和价值观念交流交融产生的影响也是前所未有的”。

网络安全是指网络系统的硬件、软件及其系统中的数据受到保护，不受偶然的或者恶意的原因而遭到破坏、更改、泄露，系统连续、可靠、正常地运行，网络服务不中断。网络安全从其本质上来讲就是网络上的信息安全。它涉及的领域相当广泛。这是因为在目前的公用通信网络中存在各种各样的安全漏洞和威胁。从广义上来说，凡是涉及网络上信息的保密性、完整性、可用性、真实性和可控性的相关技术和理论，都是网络安全所要研究的领域。

2014 年 4 月 15 日上午，中共中央总书记、国家主席、中央军委主席、中央国家安全委员会主席习近平在主持召开中央国家安全委员会第一次会议时提出，坚持总体国家安全观，走出一条中国特色国家安全道路。这是我国首次提出总体国家安全观，并首次系统提出“11 种安全”。总体国家安全观指国家范围内的信息数据、信息基础设施、信息软件系统、网络、信息人才、公共信息秩序和国家信息不受来自国内外各种形式威胁的状态。随着时代的发展，总体国家安全观外延不断拓展。比如，提出网络安全观，倡导尊重网络主权、推进全球互联网治理体系变革、构建网络命运共同体。

网络空间不是法外之地。当前，互联网上充斥着虚假、诈骗、谣言等各种非法信息，甚至存在网络恐怖主义等违法犯罪行为，这些非法信息和犯罪行为严重危害人民群众的生命财产安全和正常的网络秩序。因此，对互联网治理要求已经迫在眉睫，将互联网纳入法治轨道，制定互联网行为规范，全面推进网络空间法治化是国家治理能力现代化的必然要求。当前，网络安全的威胁已危害到我国经济、社会、政治等各个领域，主要有以下几个方面：

一是危害政治安全。网络作为信息传播的新媒介，改变了公民参与政治、表达言论的传统方式，然而网络虚拟空间信息的自由互动和即时传播打破了政府对信息的控制权和垄断权，给各种各样的政治分裂势力和邪教组织散布反动言论提供了可乘之机。各种政治分裂势力和邪教组织利用网络干涉我国内政、煽动民众情绪、从事颠覆政权活动。集体的无意识行为极易被不怀好意的人利用，给社会造成了不良影响，并在一定情况下有可能被煽动、转化，变成现实的政治运动，威胁到国家政治安全。《2019年中国互联网网络安全报告》显示，2019年，我国持续遭受来自“方程式组织”“蔓灵花”“海莲花”“黑店”“白金”等30余个APT（Advanced Persistent Threat，即高级持续威胁，是利用先进的攻击手段对特定目标进行长期持续性网络攻击的攻击形式）组织的网络窃密攻击，国家网络空间安全受到严重威胁。境外APT组织不仅攻击我国党政机关、国防军工和科研院所，还进一步向军民融合、“一带一路”、基础行业、物联网和供应链等领域扩展、延伸，电信、外交、能源、商务、金融、军工、海洋等领域成为境外APT组织重点攻击对象。①

二是威胁经济安全。网络和信息系统已成为关键基础设施和整个经济社会的中枢。这些关键领域遭受到严重网络攻击，将导致交通、金融、经济、能源等基础设施瘫痪，严重危害国家经济安全和公共利益。国家信息中心联合瑞星公司共同发布的《2020年中国网络安全报告》指出，2020年瑞星“云安全”系统共截获病毒样本总量1.48亿个，病毒感染次数3.52亿次，病毒总体数量比2019年同期上涨43.71%，其中勒索软件样本共156万个，感染次数为86万次；挖矿病毒样本总体数量为922万个，感染次数为578万次；手机病毒样本为581万个，病毒总体数量比2019年同期上涨69.02%，病毒类型以信息窃取、资费消耗、流氓行为、恶意扣费等类型为主，这些行为已

① 国家互联网应急中心. 2019年中国互联网网络安全报告［R/OL］.（2020-08-11）［2021-07-08］. http://www.cac.gov.cn/2020-08/11/c.1598702053181221.htm.

严重威胁经济安全。①

三是网络攻击威胁军事安全。信息技术的发展改变未来战争形态和作战模式，虚拟的网络空间成为新的战场，制网权如同制空权、制海权、制天权一样成为兵家必争的新领域。谁掌握信息网络，谁就控制政治、军事及经济。网络间谍，可通过网络武器植入计算机病毒、木马程序、黑客攻击、信息篡改和利用分布式阻断服务攻击（Distributed Denial of Service，DDoS），瘫痪对方系统或利用病毒试图破坏关键基础设施都是近期网络作战的模式。打击敌对势力的指挥控制、武器操作系统，可迅速使敌方作战体系陷入瘫痪状态，实现不战而屈人之兵。这些有组织、有目的的破坏性网络攻击对军事安全威胁程度最高。

四是网络恐怖主义破坏社会安全。恐怖分子早期以黑客手法，利用计算机病毒使计算机瘫痪，进行窃密和执行实体破坏等网络攻击行动，现已转变为通过互联网散发信息，进行人员招募、资金募集、理念传播与威胁利诱等相关手段，并通过精神施压、意识转变等方式发挥激进式影响，使新型网络恐怖主义成为危害当前社会秩序与国家安全的主因。我国长期遭受恐怖主义、分裂主义和极端主义“三股势力”的侵扰，“东突”恐怖势力是中亚“三股势力”的主要力量之一，该势力与中亚地区的一些组织相勾结，参与、制造了一系列恶性恐怖事件，包括袭击中国驻外使馆、杀害中国公民等。2009 年 7 月 5 日，境内外“东突”势力里应外合，组织策划实施了震惊中外的乌鲁木齐市打砸抢烧严重暴力犯罪事件，数千名恐怖分子在市区多处同时行动，疯狂杀害群众，袭击政府机关、公安武警、居民住所、商店、公共交通设施等，共造成 197 人死亡、1700 多人受伤、331 个店铺和 1325 辆汽车被砸烧，众多市政公共设施损毁。②

通过上述分析，网络空间安全涉及政治、军事、文化、科技、意识形态等多个方面，改变了人与人之间的交流形式。互联网的实用性和便利性，使国家的政治体制、经济运行、社会治理等方面都受到挑战，当前网络空间威胁日益严峻。事实表明，没有网络安全就没有国家安全，我国要从网络大国建设成为

---

① 国家信息中心，瑞星公司. 2020 年中国网络安全报告[R/OL].(2020-01-14)[2020-07-08]. http://it.rising.com.cn/dongtai/19747.html.

② 国务院新闻办公室.《新疆的反恐、去极端化斗争与人权保障》白皮书［A/OL］.（2019-03-18）［2021-07-08］. http://www.scio.gov.cn/ztk/dtzt/39912/40016/index.htm.

网络强国，必须拥有安全的网络，才能依法治理网络空间，维护公民的合法权益。可以预见，互联网的飞速发展在进一步改变人们生产生活的同时，还会产生更多新的问题，也必将对国家治理体系和治理能力带来更加深刻的影响甚至是挑战。因此，推进网络空间治理体系和治理能力现代化刻不容缓。

第三节　中国互联网治理的历史进程

一、中国互联网治理的历史背景

早期网络空间治理是以互联网技术和标准为治理重心，其治理主体是以I字开头的互联网技术专业治理机构，以美国早期控制成立的互联网名称与数字地址分配机构ICANN（The Internet Corporation for Assigned Names and Numbers）为主要代表，以此机构来分配和管理全球互联网的基础资源。提倡网络空间自由论，主张多利益攸关方的治理模式，这是互联网早期治理机制的阶段性特点。①

随着经济社会的不断发展与进步，网络已成为当今社会发展不可或缺的重要组成部分，由于网络空间的特殊性和跨国性，使得网络空间衍生出各种冲突。就国内形势而言，借助网络的犯罪行为时常发生，个人隐私的泄露和侵犯，网络诈骗、网络暴力和利用网络散播不实消息破坏社会秩序等犯罪行为层出不穷。就国际形势而言，2010年7月伊朗核电厂离心机遭受震网病毒（Stuxnet）攻击和2013年美国棱镜事件影响着我国的国家安全与发展。近年来，针对我国互联网站的篡改、后门攻击事件数量呈现逐年上升的趋势，其中政府网站已成为重要的攻击目标，国家网络安全遭遇严重的挑战。没有网络安全就没有国家安全，就没有社会经济的稳定运行，广大人民的利益也难以得到保障，如何降低风险，提高网络安全技术，已成为我国迫切需要解决的难题。

有鉴于此，我国构建网络空间战略，必须围绕政治、法律制度和战略等层面展开。首先，中共中央于2014年成立中央网络安全和信息化领导小组，突显我国把网络安全上升为国家战略，发挥集中指挥和统一领导的作用。

其次，构建国家网络空间安全的法律制度。2015年7月初通过的《中华

① 张坯. 网络空间全球治理机制的中国方案研究［D］. 长沙：湖南师范大学，2020.

人民共和国国家安全法》明确提出：“国家建设网络与信息安全保障体系，提升网络与信息安全保护能力。”在此背景下，国家出台《中华人民共和国网络安全法》（以下简称《网络安全法》），将已有的网络安全实践上升为法律制度，通过立法织牢网络安全网，为网络强国战略提供制度保障。《网络安全法》的出台具有里程碑式的意义，它是我国第一部关于网络安全的专门性综合性立法，提出了应对网络安全挑战这一全球性问题的中国方案。此次立法进程的迅速推进，显示了党和国家对网络安全问题的高度重视，对我国网络安全法治建设是一个重大的战略契机。网络安全有法可依，信息安全行业将由合规性驱动过渡到合规性和强制性驱动并重。①

最后，提出捍卫网络空间的战略框架。2016 年 12 月 27 日发布的《国家网络空间安全战略》和 2017 年 3 月 1 日发布的《网络空间国际合作战略》，显示出中国对网络主权的维护，不容他国介入与干扰，强调各国应在相互尊重网络主权的基础上，选择网络发展道路，并在尊重国家主权的基础上建构国际合作平台，共同建构多边、透明的全球互联网治理体系，实现资源共享、责任共担、合作共治。习近平总书记在第二届世界互联网大会开幕式上发表重要讲话，为推动互联网全球治理体系变革，提出了尊重网络主权、维护和平安全、促进开放合作、构建良好秩序四项原则。在这四项原则中，尊重网络主权是根本和出发点，维护和平安全与促进开放合作是手段与支撑点，构建良好秩序则是愿景和落脚点。没有网络主权，网络安全得不到保障，就很难有互联网的和平与安全，良好秩序也难以形成。②

自网络空间治理问题成为一项全球治理的新议题以来，我国展现出积极参与国际事务的意向，从我国倡导并每年在浙江乌镇举办的世界互联网大会 WIC（World Internet Conference）到数字丝绸之路、网络主权概念的提出，我国积极参与沿线发展中国家的网络基础设施建设，深化与区域间国家的合作关系。我国要以“一带一路”建设等为契机，加强同沿线国家特别是发展中国家在网络基础设施建设、数字经济、网络等方面的合作，建设 21 世纪数字丝绸之路。这是习近平总书记以卓越的政治家和战略家的全球视野、世界眼

① 高红静.《网络安全法》织牢网络安全网［J］. 网络传播，2016（12）：84.

② 支振锋. 尊重国家网络主权［N/OL］. 人民日报，2016-02-17［2021-07-08］. http://media.people.com.cn/n1/2016/0217/c40606-28128916.html.

光和国际思维，从人类共同价值的角度出发，提出的中国主张和中国方案。①

我国从 2014 年开始主导举办世界互联网大会，为全球网络空间治理搭建中国平台，为全球网络空间治理贡献中国方案。2015 年，习近平在第二届世界互联网大会上提出了“构建网络空间命运共同体”的战略构想。在推进网络空间全球治理机制变革过程中，我国始终积极承担大国责任，从维护各国人民的共同利益出发，主张建立多边、民主、透明的网络空间全球治理体系。同时，作为网络空间全球治理后起之秀的中国也为全球网络空间治理机制积极搭建中国平台，提出中国治理方案，更多维护发展中国家网络空间的利益，使网络空间治理机制朝着公正、公平、合理、有效的方向发展。

党的十九大报告提出：“加强互联网内容建设，建立网络综合治理体系，营造清朗的网络空间。”党的十九届五中全会审议通过的《中共中央关于制定国民经济和社会发展第十四个五年规划和二〇三五年远景目标的建议》提出：“加强网络文明建设，发展积极健康的网络文化。”贯彻落实党中央的决策部署，针对网络空间治理中的突出问题，中共中央、国务院印发了《法治社会建设实施纲要（2020—2025 年）》（以下简称《纲要》），《纲要》将“依法治理网络空间”等作为法治社会建设的重要任务，对依法治理网络空间作出明确部署。《纲要》指出，网络空间不是法外之地，推动社会治理从现实社会向网络空间覆盖，建立健全网络综合治理体系，加强依法管网、依法办网、依法上网，全面推进网络空间法治化，营造清朗的网络空间。《纲要》主要从推动全社会增强法治观念、健全社会领域制度规范、加强权利保护、推进社会治理法治化、依法治理网络空间五个方面明确了当前法治社会建设的重点内容，并提出了具体举措。这是维护社会和谐稳定、维护公民合法权益、促进网络空间健康有序发展的重大举措。

利用互联网推动经济社会发展，让广大人民群众分享信息化的成果，前提是保证网络安全。互联网是社会发展的新引擎，也是国际竞争合作的新高地。因此，在互联网飞速发展的同时，网络安全威胁和风险日益突出，并逐渐向政治、经济、文化、社会、生态等领域传导渗透。面对这个令世界各国普遍感到棘手的难题，习近平总书记明确指出，“没有网络安全就没有国家安

① 范大祺. 共建网络空间命运共同体是推动人类命运共同体建设的有效途径［EB/OL］.（2018-05-04）［2021-07-08］. http://www.cac.gov.cn/2018-05/04/c_1122784189.htm.

全，没有信息化就没有现代化”“网络安全和信息化是一体之两翼、驱动之双轮，必须统一谋划、统一部署、统一推进、统一实施。做好网络安全和信息化工作，要处理好安全和发展的关系，做到协调一致、齐头并进，以安全保发展、以发展促安全，努力建久安之势、成长治之业”。习近平总书记的重要论述，把网络安全提升到国家安全的层面，为推动我国网络安全体系的建立，树立正确的网络安全观指明了方向。①

“十三五”时期，我国大力实施网络强国战略、国家大数据战略、“互联网+”行动计划，发展积极向上的网络文化，拓展网络经济空间，促进互联网和经济社会融合发展。互联网治理是中国特色社会主义事业的重要组成部分，其发展历史同我国改革开放进程紧密相关。我国互联网从无到有、不断发展壮大的成长轨迹，也显示出党和政府逐步丰富、不断完善互联网治理的过程。

二、中国互联网治理的阶段划分

我国互联网是伴随着20世纪70年代末开始的国家信息化建设而发展起来的。因此，我国互联网治理可追溯到改革开放初期。郑振宇（2019）提出，自改革开放以来我国互联网治理的演变历程大致经历了以下四个阶段。

1. 互联网治理的前期准备阶段（1978—1993年）

1978年12月党的十一届三中全会胜利召开，开启了改革开放的伟大征程，也为我国电子和信息事业发展注入了新的活力。在这一时期，为了加快我国信息化建设，国务院建立了相应的管理体制。一是实施归口管理，主要涉及电子计算机工业主管部门和邮电部。二是设置了跨部门的议事协调机构。我国为迎接互联网时代的到来进行了技术、基础设施和人才等方面的准备工作：一是制订了我国信息网络技术的发展规划；二是探索建设示范网络；三是为我国互联网腾飞提供人才保障。

2. 互联网治理框架初步建立阶段（1994—2002年）

1992年邓小平视察南方并发表重要讲话之后，我国加快了改革开放步伐。开放的中国需要互联网，同时中国也是世界互联网的重要组成部分。自我国

---

① 于春晖. 科学的互联网思想 指引我国网络强国建设稳步前行［N/OL］. 人民日报，2021-03-04[2021-07-08]. https://news.cctv.com/2021/03/04/ARTIFq92VTrk65eeW6Dz3x1V210304.shtml.

全功能接入国际互联网之后，互联网对经济社会发展的正面效应不断显现，同时互联网的负面效应也开始出现，诸如网络色情、暴力、诈骗等违法行为日益突出，敌对势力利用网络空间进行意识形态渗透以及其他有害信息传播等问题不断显现。在我国接入互联网后的一段时间里，政府成为主要的互联网治理主体。随着互联网的不断发展，单靠政府有限的资源难以有效管理好互联网，需要社会组织参与治理。这一时期的互联网治理行为主要集中在两个方面：一方面，把建立健全互联网的制度体系作为治理重点，依法管理互联网；另一方面，不断完善我国互联网基础设施建设。

3. 互联网治理的发展阶段（2003—2011 年）

这一时期是我国互联网高速发展期，互联网产业蓬勃发展，网民数量不断增长，在2008 年6 月达到2. 53 亿人，首次跃居世界第一，互联网成为影响社会进程的强大力量。互联网场域发生的新变化引起党和政府的高度重视，我国开始进入以坚持主流意识形态网络主导地位为核心的互联网治理发展阶段。在管理主体上，宣传部等部门在互联网治理中的地位开始凸显，互联网管理体制逐步完善。此外，网络社会组织得到发展。这一阶段，我国网络社会组织逐步增多，自治功能逐渐增强，在互联网管理中的主体作用日益显现。在治理行为上，完善以互联网内容监管为重点的互联网制度体系建设，并加大互联网执法力度。

4. 互联网治理的深化阶段（2012 年至今）

党的十八大以来，互联网发展环境发生了新的变化。面对国内外诸多机遇和挑战，以习近平同志为核心的党中央科学应对，将我国互联网治理引向以维护国家安全为核心的深化阶段，体现了互联网治理的大格局和新气象。这一阶段的治理活动主要是围绕互联网发展、安全和国际共治等核心议题展开的：一是明确建设网络强国的发展目标；二是从维护国家安全和稳定的高度做好网络安全工作；三是推动互联网全球共治共享。同时，我国互联网治理主体结构得到进一步优化，一是加强党中央对网络和信息化重大问题的集中统一领导，二是互联网的社会共治格局初步形成。①

---

①　郑振宇. 改革开放以来我国互联网治理的演变历程与基本经验［J］. 马克思主义研究，2019（1）：58-67.

第四节　互联网治理的主流技术与手段

一、互联网治理的主流技术

传统上对互联网治理采用的技术包括防火墙技术、杀毒软件技术、文件加密和数字签名技术等，这些网络安全技术有效地防范了互联网的安全问题，保证了大部分网站和软件的正常运行和使用，下面简要地介绍目前互联网治理采用的主流技术。

1. 防火墙技术

防火墙是一个由计算机硬件和软件组成的系统，部署于网络边界，是连接内部网络和外部网络之间的桥梁，同时对进出网络边界的数据进行保护，能够起到安全过滤和安全隔离外网攻击，如防止恶意入侵、恶意代码的传播等，保障内部网络数据的安全。防火墙技术是建立在网络技术和信息安全技术基础上的应用性安全技术，几乎所有的企业内部网络与外部网络（如互联网）相连接的边界都会设置防火墙。

2. 杀毒软件技术

杀毒软件，也称反病毒软件或防毒软件，是用于消除电脑病毒、特洛伊木马和恶意软件等计算机威胁的一类软件。杀毒软件通常集成监控识别、病毒扫描和清除、自动升级、主动防御等功能，有的杀毒软件还带有数据恢复、防范黑客入侵、控制网络流量等功能，是计算机防御系统（包含杀毒软件、防火墙、特洛伊木马和恶意软件的查杀程序、入侵预防系统等）的重要组成部分。

3. 文件加密和数字签名技术

与防火墙结合使用的安全技术包括文件加密和数字签名技术，其目的是提高信息系统和数据的安全性和保密性，这两种安全技术是防止秘密数据被外界窃取、截获或破坏的主要技术手段之一。随着信息技术的发展，人们越来越关注网络安全和信息保密。目前，各国除了在法律和管理上加强数据安全保护，还分别在软件和硬件技术上采取措施，促进了数据加密技术和物理防范技术的不断发展。根据功能的不同，文件加密和数字签名技术主要分为数据传输、数据存储、数据完整性判别等。

4. 内容审查技术

内容审查技术主要是由互联网监管部门通过技术手段设置和屏蔽一些网络内容，如网络诈骗、色情网站以及网络敏感词、信息等。这类技术手段能够有效地屏蔽网络上的一些非法信息，保证网民在浏览网页和下载软件时免受非法信息的干扰。内容安全审核成为以短视频、新闻资讯、网络直播等平台优先级最高的运营需求，不管是人工审核还是以系统性为主的机器审核，都是以最安全与最适合产品的审核结果维度为主。随着国家监管的力度不断提升，暴力、血腥、政治、黄赌毒及危害青少年的不良社会导向内容已成为重点关注区域。

二、互联网治理的手段

互联网治理始终是一个复杂的世界难题，需要世界各国结合本国的国情对互联网进行综合治理。在我国，互联网治理不仅需要党委、政府、企业、社会、网民等不同主体的积极参与，也需要通过经济、法律、技术等多样化手段来实现其综合格局的建构，确保互联网治理工作扎实稳步地有效开展。治理的手段可以归纳为以下几种。

1. 以经济调节为手段

互联网虽然是虚拟的，但是任何一起互联网安全事件的发生都与人的利益有关。网络诈骗、网络色情、网络攻击等不法行为，都是为了获取经济利益而实施的网络行为。比如，网络上频频发生的用户信息泄露事件，主要原因就是互联网公司或技术人员受到他人利益的诱惑，而违背职业准则，把用户信息以商品的形式出售给第三方。也就是说，任何一起网络安全事件背后都隐藏着利益关系。在网络综合治理的具体操作中，以经济手段有效调控利益关系是缓和冲突的根本方法。首先，以市场规律为基准，规范互联网行业市场秩序，稳定价值（价格）体系，提高经济满意度，坚定发展信心；其次，强化经济整合促进利益和价值共享，以利益共同体为目标，加强互联网企业之间的合作关系，降低个体风险，实现利益与价值的双重提升；最后，完善经济奖励和绩效考核，提高互联网从业者的满意度，有效抵制各种形式的网络寻租，降低网络安全事件发生的概率。①

2. 以政策法律为手段

行政法规的颁布和法律立法始终是约束和规范互联网治理最有效的工具。针对互联网治理的法律法规的颁布有效地保证了互联网的正常运行。自2014年以来，我国的互联网立法取得了长足的进步，国家为保障网络安全以及维护国家的主权，相继制定了一系列网络安全法律法规，规范网络空间的秩序，并让网络价值最大化，在针对互联网信息安全、隐私保护、网络平台规范等互联网各个领域的立法数量和效力上都有了很大提升。《网络安全法》的实施，标志着我国互联网治理法治化进程的实质性展开。《网络安全法》是我国第一部全面规范网络空间安全管理方面问题的基础性法律，是我国网络空间法治建设的重要里程碑，是依法治网、化解网络风险的法律重器，是让互联网在法治轨道上健康运行的重要保障。《网络安全法》将近年来一些成熟的做法制度化，并为将来可能的制度创新做了原则性规定，为网络安全工作提供切实的法律保障。

3. 以科学技术为手段

互联网是一种高科技的产物，随着网络技术的不断发展，从技术层面对互联网的内容和安全进行控制成为治理的新方向，尤其是大数据、云计算、物联网等网络新技术的出现，能够利用这些新技术对互联网内容进行监管。技术也为大数据时代我国实现“网络民主”奠定技术基础，未来我国的网络社会治理，不仅数据的数量会呈爆发式的增长，各数据集之间的联系也会越来越紧密。我国现在并且未来很长一段时间还将处于社会改革转型的艰难时期，各种社会矛盾、利益冲突在线下空间至线上空间来回蔓延，易形成公共舆情危机。② 比如可以通过大数据技术分析社会热点事件的网络舆情发展趋势，从中可以分析出网民在网络上对该热点事件所持有的情感和态度，政府监管部门可以通过网络舆情的分析结果及时调整公共政策，缓解社会矛盾，预防处理各种社会舆情危机事件，促进互联网的健康有序运行。

---

① 张卓. 网络综合治理的“五大主体”与“三种手段”：新时代网络治理综合格局的意义阐释［J］. 人民论坛，2018（13）：34-35.

② 杨晶鸿. 大数据影响下的网络社会治理框架构建及路径优化研究［D］. 南京：南京工业大学，2019.

以技术的方式治理互联网成为新型的治理方式，互联网法院、大数据治理、云治理等各类新型治理方式不断涌现，并正在发挥技术治理的优势。比如，杭州互联网法院从程序规则探索开始，逐步通过典型案例发挥判例指引作用，并通过技术赋能，融入社会治理，推动网络空间治理法治化，用互联网方式治理互联网空间。从不受空间限制的在线审理到完全时空异步的异步审理，从网上立案到电子送达，诉讼全流程在线，不仅在技术和实务上成为现实，还在标准层面总结形成了十余项诉讼规则。

第二章 互联网治理的相关概念界定与理论基础

第一节 互联网治理的相关概念界定

一、互联网治理

互联网治理是一个政策领域，体现了现代世界的互联性带来的潜在利益和无法预见的挑战。互联网已经迅速成为现代社会生存的基础技术，几乎改变了经济、政治、教育、医疗保健等所有领域。在连接知识、人员和资源方面，互联网在全球范围内提供了前所未有的优势。通过允许跨国家、跨部门和跨学科的知识共享和合作，它打破了以往与隐性知识和显性知识交流的困难。这种交流的好处包括专利工作、科学出版物、合著与合作研究，以及科技人力资源全球化、开放科学和数据驱动的创新。①

互联网治理来自英文“Internet governance”。互联网治理首次提出是在1998年第19届国际电信联盟大会上，指的是协调和管理互联网、处理与互联网相关的一切内容和行为。互联网治理的核心是界定互联网基础架构和协议，规范它们在互联网中的操作。②

联合国教科文组织对互联网治理的定义：包括政府、私人部门、公民组织、技术团体在内的多方互补的开发与利用，其以各自的身份、共有的

---

① Box S. “OECD Work on Innovation - A Stocktaking of Existing Work”, OECD Science, Technology and Industry Working Papers [EB/OL]. (2016-05-04) [2021-07-08]. https://www.docin.com/p-1560082884.html.

② 王明国. 全球互联网治理的模式变迁、制度逻辑与重构路径 [J]. 世界经济与政治, 2015 (3): 47-73+157-158.

原则、标准、规则、决策程序、活动塑造了互联网的演进与作用。[①] 该组织意识到互联网在促进人类可持续发展、建立包容性知识社会以及加强信息、思想在全球范围内的自由流动等方面的潜力。联合国互联网治理工作组对互联网治理的界定是："互联网治理是政府、私营部门和社会组织根据各自的作用制定和实施的旨在规范互联网发展和应用的共同原则、规范、规则、决策程序和方案。"[②]

互联网治理早已不仅是技术问题，而是一个集政治、经济、社会、文化于一体的多维系统。[③] 互联网治理起到三个作用：一是技术标准化；二是资源分配和处置；三是公共政策的制定，其最终目的是确保互联网以有序方式合理运作，造福大众。[④] 蒋力啸（2011）[⑤] 提出互联网治理是指政府、私营部门、公民组织和技术专家，通过制定政策、规则和争端解决程序，主要目标是使确定互联网技术标准、分配互联网资源利益和对网络安全事件的响应等问题得到解决。潘旭飞（2018）[⑥] 认为互联网治理包括四个部分，一是信息技术的发展和管理；二是网络虚拟空间的安全治理，包括互联网安全、打击网络犯罪等；三是网络经济的治理，电子商务等新兴的虚拟经济的治理；四是例如电子政务等运用互联网进行社会治理、政府治理的新型治理方式。彭波和张权（2020）[⑦] 认为互联网治理就是政府及其他行为主体为了对不同层面的互联网进行有效管理而采取的政治性活动，以及针对国家-社会关系所做的结构性调整。

尽管当前各个组织机构和学术界对互联网治理的定义并不完全相同，但人们一致认为互联网治理的基本特征是强调共同治理，即通过政府、私营部

---

① 资料来源：https://zh.unesco.org/themes/internet-governance。

② 王齐齐. 国内网络治理研究回顾及展望：基于 CiteSpace 软件的可视化分析［J］. 重庆邮电大学学报（社会科学版），2021（1）：92-102.

③ 马建青，李琼. 构建网络空间命运共同体：全球互联网治理范式演进和中国路径选择［J］. 毛泽东邓小平理论研究，2019（10）：33-42+108.

④ 章晓英，苗伟山. 互联网治理：概念、演变及建构［J］. 新闻与传播研究，2015，22（9）：117-125.

⑤ 蒋力啸. 试析互联网治理的概念、机制与困境［J］. 江南社会学院学报，2011（9）：34-38.

⑥ 潘旭飞. 互联网安全治理的问题与对策研究［D］. 呼和浩特：内蒙古大学，2018.

⑦ 彭波，张权. 中国互联网治理模式的形成及嬗变（1994—2019）［J］. 新闻与传播研究，2020，27（8）：44-65+127.

门、社会组织、公民等的共同参与，也就是多个主体协同治理，在治理的过程中发挥各自的作用，最终达成治理协作的总体效应。

二、全球互联网治理体系

全球互联网治理体系是最基本的互联网的管理概念。手机运营方、域名管理机构和相关的机构，都想让互联网能够为大众服务，怎样对互联网产生的问题进行管理，如果社会上的问题是后于互联网出现的，就涉及对于互联网的治理。互联网全球治理的基本框架源于联合国“信息社会世界峰会 WSIS（World Summit on the Information Society）”，其宗旨是利用知识和技术潜能以促进联合国千年目标的实现。2005 年的突尼斯会议开始关注互联网治理问题，并设立了“互联网治理论坛”IGF（Internet Governance Forum）以作为全球互联网治理的基本对话平台。IGF 每年举行一次，由“利益相关者咨询委员会”决定大会议题后，任何机构或个体都可以向大会提交提案并参与讨论。IGF 并不对各方提出具有约束力的文件，而只是为决策者在关键议题上提供参考。

相对于利益相关的治理原则，中国更多主张多边主义。2015 年 8 月，中国向信息社会世界峰会提出的声明文件中即指出，“我们应该建立一个多边的、民主的、透明的国际互联网治理体系”；同时，还进一步指出，“利益相关的治理模式应该受到尊重，但不能将商业组织或非政府组织的角色置于中心地位，并同时边缘化政府作用。政府在互联网治理中的作用和责任应该得到承认”。2015 年，第二届世界互联网大会在浙江乌镇举行，习近平主席在开幕式上做了主旨演讲。习近平主席在演讲中提出了尊重网络主权、维护和平安全、促进开放合作、构建良好秩序的全球互联网治理体系的四项原则和共同构建网络空间命运共同体的五点主张，即加快全球网络基础设施建设，促进互联互通；打造网上文化交流共享平台，促进交流互鉴；推动网络经济创新发展，促进共同繁荣；保障网络安全，促进有序发展；构建互联网治理体系，促进公平正义。习近平主席的讲话以一种更清晰、更直接的方式，表达了中国在互联网全球治理问题上的态度。

建立新的全球互联网治理体系，多边、民主、透明是基本原则。主权平等原则是当代国际关系的基本准则，其原则和精神也应该适用于网络空间。网络空间不容无序运行。只有尊重网络主权，尊重各国自主选择网络发展道路、网络管理模式、互联网公共政策和平等参与国际网络空间治理的权利，全球互联网的共享共治才有前提。只有构建良好秩序，坚持依法治网、依法办网、依法上网，让互联网在法治轨道上健康运行，同时加强网络伦理、网络文明建设，用人类文明优秀成果滋养网络空间、修复网络生态，全球互联网才能良性运行、健康发展。

三、我国的互联网治理体系

在新时代的背景下，中共中央十九届四中全会贯彻落实十九大精神，将推进国家治理体系和治理能力现代化同坚持和完善中国特色社会主义制度上升至同等高度，再次明确了推进国家治理体系和治理能力现代化的重要性。近年来，以习近平同志为核心的党中央基于总体国家安全需要、建设网络强国战略高度，发表了一系列关于互联网治理的重要论述，并将互联网治理体系建设作为国家治理体系与治理能力现代化的重要组成内容。

在吸取全球各国参与互联网治理经验的基础上，我国积极参与互联网治理。党的十九届四中全会审议通过的《中共中央关于坚持和完善中国特色社会主义制度、推进国家治理体系和治理能力现代化若干重大问题的决定》提出，“建立健全网络综合治理体系，加强和创新互联网内容建设，落实互联网企业信息管理主体责任，全面提高网络治理能力，营造清朗的网络空间”。我国正在大力提高网络综合治理能力，逐渐形成党委领导、政府管理、企业履责、社会监督、网民自律等多主体参与，经济、法律、技术等多种手段相结合的综合治网格局，并创新性地提出，尊重网络主权，构建网络空间命运共同体，从全球安全的战略高度构建网络空间治理体系。随着我国国际地位逐渐提升，我国在全球网络治理的参与度、系统组织、企业社群动员、议题贡献、建构新机制等方面的影响力与话语权都有了很大提升，正在从最初的网络空间治理参与者变身为引领者，逐步走出了一条中国特色治网之道，为网络空间全球治理做出了重要贡献。①

2019 年 7 月 24 日，中央全面深化改革委员会第九次会议在京举行。会议审议通过了《关于加快建立网络综合治理体系的意见》，明确了我国网络综合治理体系建设的内容，对网络综合治理提出了新要求，为网络综合治理指明

---

① 李超民，张垭．网络空间全球治理的“中国方案”与实践创新［J］．管理学刊，2020，33（6）：1–12.

了发展道路。网络综合治理关系到我国的社会稳定和国家安全，已经成为国家治理体系和治理能力现代化建设所需重点关注的重大问题。党的十九大以来，网络综合治理取得了重要进展，网络治理体制机制建设、主流媒体的网络平台建设、网络宣传队伍建设、网络舆论环境建设和网络政治生态建设都有很大改善。目前，我国已经初步构建起了比较完善的网络综合治理体系，网络综合治理能力显著提高。

在推进全球互联网治理变革过程中，我国始终从维护各国人民的共同利益出发，主张建立多边、民主、透明的全球互联网治理体系。我国作为网络大国参与全球互联网治理，贡献中国方案，积极推进实践创新，体现了负责任大国的使命担当，也体现了习近平总书记网络强国战略思想的生动实践。

第二节　互联网治理的理论基础

一、治理理论

治理（governance）这一概念源自古典拉丁文或古希腊语“引领导航”（steering）一词，原意是控制、引导和操纵，指的是在特定范围内行使权威。它隐含着一个政治进程，即在众多不同利益共同发挥作用的领域建立一致或取得认同，以便实施某项计划。① 进入20世纪90年代后，随着志愿团体、慈善组织、社区组织、民间互助组织等社会自治组织力量的不断壮大，它们对公共生活的影响日益重要，理论界开始重新反思政府与市场、政府与社会的关系问题。如果说新公共管理运动主要关注公共部门对市场机制和企业管理技术的引进，治理理论的兴起则进一步拓展了政府改革的视角，它对现实问题的处理涉及政治、经济、社会、文化等诸多领域，成为引领公共管理未来发展的潮流。②

在治理的各种定义中，全球治理委员会的表述具有很大的代表性和权威性。该委员会于1995年对治理做出如下界定：治理是或公或私的个人和机构经营管理相同事务的诸多方式的总和。它是使相互冲突或不同的利益得以调

---

① 俞可平. 治理与善治［M］. 北京：社会科学文献出版社，2000.

② 陈广胜. 走向善治［M］. 杭州：浙江大学出版社，2007.

和并且采取联合行动的持续的过程。它包括有权迫使人们服从的正式机构和规章制度，以及种种非正式安排。而凡此种种均由人民和机构或者同意、或者认为符合他们的利益而授予其权力。[①] 我国研究治理理论的学者主要有以下几种理论倾向：第一种是以娄成武等人为代表，他们主张在政府主导的基础之上，通过引入社会公众、第三方组织等不同的群体共同参与，从而实现治理的方式；第二种是以郭道晖等人为代表的主张发展第三部门、非政府组织等方式来实现对公共事务的治理；第三种则是以徐勇等人为代表的主张政府通过内部的改革机制来实现治理。[②]

由以上观点我们可以看到，我国学者对治理理论的研究已经初步形成了自己独到的见解。首先，从实现路径上来看，治理的过程必然要包括发展和壮大市民社会的过程。其次，从现有的制度问题上来看，我国的治理理论的构建必然要包含政府系统内部的改革，从而区别于西方社会所主张的现代国家和政治行政制度的建构。[③]

二、协同理论

近年来协同学被广泛地运用和发展，成为自组织理论的关键构成部分，它最初是由联邦德国科学家赫尔曼·哈肯于20世纪70年代提出来的，被认为是耗散结构理论和一般系统理论的超越和延伸。赫尔曼·哈肯表示，成熟稳定的系统其各要素的协同是有序进行的，协同理论是各系统从无序到有序转变所遵循的共同规律，揭示了复杂系统如何改变无序状态实现有序演化的过程。

协同理论以复杂系统的研究为基础，复杂系统可以根据其组成细化为多个子系统，而子系统又能再次细分为若干组成元素。在特定的条件下，这些子系统和元素之间都存在协同的关系。协同理论对复杂系统的状态演变，并从无序实现有序发展的演化进程及其内在规律进行了系统的研究。协同学认为系统的演化会受多个变量影响，其中序参量作为系统演化的控制变量起着关键性作用，明确序参量并构建协同度模型是首要问题。

协同理论的核心思想是：第一，协同效应。协同效应指在一个大的系统

---

① 俞可平．治理与善治［M］．北京：社会科学文献出版社，2000.

② 展菲菲．协同治理视角下网络暴力治理研究［D］．曲阜：曲阜师范大学，2019.

③ 童星．发展社会学与中国现代化［M］．北京：社会科学文献出版社，2005.

内，各个子系统之间通过彼此联系、彼此沟通、相互影响而形成的效应；第二，伺服原理。伺服原理指系统内部存在很多因素，根据它们所处的状态可以分为稳定因素和不稳定因素，这两种因素之间会彼此产生作用，阐明系统自组织的过程；第三，自组织原理。自组织原理指系统不受外界的影响，在系统内部自发产生的按照某些指令的要求出现的结构或功能。协同理论中的协同强调进行合作的双方要设立共同的目标，一般都以整体利益最大化作为目标，这样使得协同的预期效应更加明确，而如果协同的双方以各自利益最大化为目标，不经预期效应难以预测，更带来协同中途失败的可能。而且协同过程中不仅要做到共享合作成功带来的收益，更要共同承担其中各种可能带来的风险，合作的双方需要对彼此予以充分的信任，这样协同过程中各参与方之间所建立起来的关系较之合作则显得更加紧密。[①]

目前针对互联网协同治理的研究涉及多个主体，互联网需要多主体参与治理已成为实务界和学界的共识，但是，问题在于如何确定各主体在互联网协同治理中的角色，才能达到较高程度的治理协同，从而提高一国或地区的互联网治理水平，使互联网呈现有序运转的状态。本书所指的“主体协同机制”是指在政府的主导下，企业、网民、社会组织等多个主体参与、互动、协商、配合的治理模式，贯穿从顶层设计到落实开展的全过程。

三、SFIC 模型

寻找一个抽象化、概念化的视角来分析实践中不同种类的协同治理是一个非常大的挑战。Ansell 和 Gash 通过对 137 个来自不同国家、不同政策领域的案例进行“连续近似分析”（Successive approximation），得出了由起始条件（Starting conditions）、催化领导（Facilitative leadership）、制度设计（Institutional design）和协同过程（Collaborative process）四个部分组成的模型。每个部分均由诸多细分变量组成。其中，协同过程是整个模型的核心，而其他部分则为其设定背景或进行影响。SFIC 模型由起始条件、催化领导、制度设计和协同过程四个部分组成，每个部分中又包含了一些重要变量。SFIC 模型的框架结构如图 2.1 所示。

① 付龙昌. 辽宁省协同创新驱动区域经济发展的模式、路径和政策研究［D］. 大连：大连交通大学，2018.

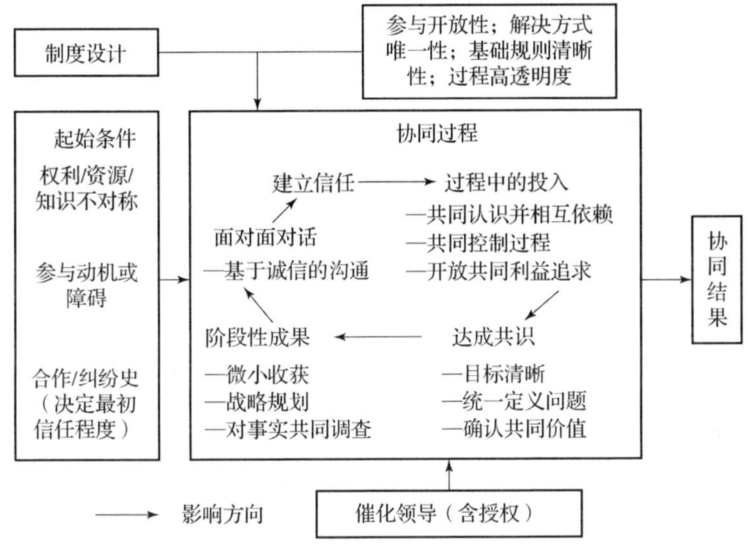

图 2.1　SFIC 模型的框架结构①

由图 2.1 可知，SFIC 模型由五个独立但又相互存在影响关系的单元组成，各个单元之中又包括多个影响因子。影响因子之间或成线型关系，或成闭合式的循环关系，最终共同经过协同过程而导出协同治理的结果。

协同过程的外围存在三个单元。第一单元为起始条件。该单元中，权利、资源、知识等的不对称性，影响到参与的动机或障碍，再影响到合作和纠纷史，从而决定起始时双方的信任程度。第二单元为催化领导，该单元包括向各个参与主体的授权等。第三单元为制度设计，包括多个相互独立的因子，如参与的开放性、解决方式的唯一性、基础规则的清晰性和过程的高透明度等。这三个单元运作的各个影响因子，共同导入第四个单元即协同过程当中。

在协同过程中，各种影响因子形成了一个互相影响的闭合式循环。首先是协同各方基于诚信而开展面对面的对话，通过交流建立起信任关系，接下来开始进行各项投入，包括形成相互依赖的共识、对过程的共同控制、对共

① 田培杰. 协同治理：理论研究框架与分析模型［D］. 上海：上海交通大学，2013.

同利益的追求等。通过过程投入进一步深化双方的共识，形成清晰的目标、统一的问题定义以及确定的共同价值。借助双方的共识及投入达成阶段性的成果，如形成一定的战略规划、共同对某一环节展开调查，并形成一些协同成果等。到此时，有可能会出现新的问题，就需要协同各方再一次面对面展开基于相互信任的沟通，从而完成一次协同过程的循环。通过不断的循环往复，实现一个又一个阶段性的成果，最终达到整体的目标，结束循环并输出协同过程的结果。①

① 赵锦. 中国网约车服务业的协同治理研究 [D]. 武汉：华中师范大学，2016.

第三章
互联网治理的相关研究

2016年是全球互联网治理的一个最重要的历史节点。2016年9月，美国商务部下属的国家电信和信息管理局（NTIA）与互联网名称与数字地址分配机构（ICANN）签署的互联网编码分配合同到期失效，美国政府至此正式放弃了对ICANN的单边控制，将其移交给全球多利益相关方，标志着多种利益相关方模式在全球互联网治理领域的真正实践，具有里程碑式的意义。我国是互联网大国，第47次中国互联网络发展状况统计报告显示，截至2020年12月，我国网民规模达9.89亿，较2020年3月增长8540万，互联网普及率达70.4%。2020年，面对突如其来的新冠肺炎疫情，互联网显示出强大力量，对打赢疫情防控阻击战起到了关键作用。疫情期间，全国一体化政务服务平台推出“防疫健康信息码”，累计申领近9亿人，使用次数超过400亿人次，支撑全国绝大部分地区实现“一码通行”，大数据在疫情防控和复工复产中作用凸显。① 党的十八大以来，以习近平同志为核心的党中央重视互联网、发展互联网、治理互联网，走出一条中国特色治网之道，形成了网络强国战略思想，指引我国网信事业取得历史性成就。从建设网络强国战略目标的提出，到我国数字经济规模跃居全球第二，再到网上交易、手机支付、共享出行等新技术、新应用广泛普及充分表明网络强国战略对实践的指导作用。互联网治理是个具有高度理论价值与实践意义的重要研究议题，处于国家治理研究的最前沿，本章主要归纳国内外学者对互联网治理的研究。

① 中国互联网络信息中心．第47次中国互联网络发展状况统计报告［R/OL］．（2021-02-03）［2021-07-08］．http://www.cnnic.net.cn/hlwfzyj/hlwxzbg/hlwtjbg/202102/t20210203_71361.htm.

第一节 互联网治理研究

面对错综复杂的国际环境和艰巨繁重的国内改革发展稳定任务，互联网既提供了创新发展的巨大动力，又对现实政治秩序和社会稳定造成冲击，挑战各级政府的治理能力。互联网治理已经成为一国经济社会发展战略与公共政策的重要组成部分，深度融入构建现代国家治理体系和提升国家治理能力现代化水平的进程。[①] 互联网治理是当今世界普遍关注的一个重要问题，世界范围内组织了众多的互联网治理会议，如 2006 年开始召开的“国际互联网治理论坛（IGF）”、2014 年开始举办的“世界互联网大会（WIC）”、2014 年举办的“全球互联网治理大会（NETMudial）”以及永久在我国浙江乌镇召开的世界互联网大会。社会对互联网依赖的不断增加凸显了互联网治理的重要性。目前，关于互联网治理的研究主要集中在以下三个方面。

一、互联网治理模式研究

互联网自诞生以来，经历了从单向个人管理到以 ICANN 为核心的多元化管理的过程，再逐渐向多利益攸关方治理模式的转变。在过去的 10 多年里，多利益攸关方治理模式（Multi-stakeholder governance model）成为全球互联网治理的主要模式。按照网络政治学教授 Jeanette Hofmann 的观点，互联网技术治理模式，是指互联网发展早期，以互联网工程技术团队为治理主体，以该团队制定的网络技术标准和组织规范为治理手段的互联网治理模式。[②]

国内外学者对互联网治理模式展开了相关的研究，Lawrence Solum (2008)[③] 将互联网治理模式分为五种：（1）网络空间和自发秩序的模式，其前提是互联网是个人自由的自治领域，超出了政府的控制范围。（2）跨国机构和国际组织的模式，其基础是互联网治理固有领域超越国界，因此最合适的机构是跨国准私营合作社或基于各国政府间条约安排的国际组织。（3）基

---

① 鲁春丛. 中国互联网治理的成就与前景展望［J］. 人民论坛，2016（4）：28-30.

② 郑文明. 互联网治理模式的中国选择［N/OL］. 中国社会科学报，2017-08-17［2021-07-08］. http://www.cssn.cn/zx/201708/t20170817_3612572_1.shtml.

③ Solum L. Models of Internet Governance［D］. Illinois：University of Illinois，2008.

于代码和互联网体系结构的模式，即许多管理决策是由决定互联网如何运行的通信协议和其他软件做出的。（4）国家政府和法律的模式，随着互联网重要性的增长，基本的监管决策将由一国政府通过法律监管做出。（5）市场监管和经济学模型，假设市场力量驱动有关互联网性质的基本决定。Sorenson 和 Torfing（2008）① 探讨了公共政策制定中使用网络治理的问题并总结了四种互联网治理模式，即自我构建式的介入方式、故事叙述式的不介入方式、支持与促进式的介入方式和参与式的介入方式，前两种主要指政府只通过立法为互联网的发展指明大致方向，后两种则属于政府干预型的互联网治理。Rolf Weber（2010）将互联网治理模式概括为传统的政府监管、国际协议与合作、自我规制和技术架构四种②。英国的西敏寺模式被认为是从新公共管理转向地方互联网治理的范式，而欧盟的多层级治理模式则被看作跨国互联网治理的典型。③ 在当前互联网全球治理两大理论范式中，无论是多利益攸关方模式还是多边主义模式，多元主体合作的原则都贯穿其中。实践中，国际范围内影响力较大的治理体系模型当属国际电信联盟 ITU（International Telecommunication Union）提出的网络空间安全治理五支柱概念框架，其历年发布的《全球网络安全指数》所依据的网络空间安全治理体系五支柱包括法制、技术、组织、能力建设以及合作。而综观学界研究状况，可以发现基于多元利益主体的合作治理来回应网络空间安全与发展议题也已成为共识。④

中国的互联网经过 20 多年的发展，已经初步形成了具有自身特色的互联网治理模式。叶敏（2011）⑤ 认为我国互联网治理是一种政府主导型的互联网治理模式。蔡丹（2012）⑥ 认为我国应该从当下的国情出发，逐渐形成政府主导下各利益相关方共同参与的综合治理模式，并借鉴发达国家的行业自

---

① Sorensen E, Torfing J. Theories of Democratic Network Governance [M]. New York: Palgrave Macmillan, 2008.

② 郑文明. 互联网治理模式的中国选择 [N/OL]. 中国社会科学报, 2017-08-17[2021-07-08]. http://www.cssn.cn/zx/201708/t20170817_3612572_1.shtml.

③ 张康之, 程倩. 网络治理理论及其实践 [J]. 新视野, 2010 (6): 36-39.

④ 唐庆鹏. 网络空间治理体系和治理能力建设的基本逻辑 [N/OL]. 中国社会科学报, 2020-02-20 [2021-07-08]. http://news.cssn.cn/zx/bwyc/202002/t20200220_5090712.shtml.

⑤ 叶敏. 中国互联网治理：目标、方式与特征 [J]. 新视野, 2011 (1): 45-47.

⑥ 蔡丹. 中国互联网治理模式与机制探析 [J]. 现代交际, 2012 (6): 64.

律经验，完善我国的互联网行业自律机制。王明国（2015）① 认为我国要从互联网大国转变为互联网强国，成为互联网治理中的重要一极，就需要积极参与全球互联网治理制度建设，并未雨绸缪地全面思考互联网治理制度重构战略，推动建立多边、民主、透明的全球互联网治理体系。苗国厚（2014）②认为20多年来，我国互联网治理取得了可喜的成绩，形成了“中国经验”。未来互联网治理将逐步推行网络社会治理模式，意识形态安全将是治理的重点，更加注重多方治理，加强法治建设，促长效有机运行。赵玉林（2015）③认为传统互联网治理研究主要针对的是“网民行为失范”，相对缺乏对“互联网服务商行为失范”的关注。利益驱动下的互联网服务商参与网络治理，容易引发侵犯公民权利或公共利益、参与非法公关、过度审查网络信息等一系列问题。解决互联网治理机制失衡问题需要建立多元治理模式：政府统一引导，企业全面负责，社会广泛参与，优势互补，协同共治。邹军（2016）④认为互联网治理模式面临新的重要变局，由政府、私人部门和公民组织共同组成的多利益攸关方模式将是未来的重构方向，互联网全球共治的时代即将到来。我国将在互联网安全和治理领域面临新的机遇，可通过参与全球互联网管理制度的顶层设计，鼓励企业及社会团体共同参与、大众创新等路径，加入互联网全球治理的历史进程。金超（2019）⑤ 认为网络社会可以通过借鉴农村治理的“枫桥经验”，重构为组织动员网络群体的力量，通过网络软法和网络技术双管齐下，建立健全矛盾预防和化解机制，推进网络社会综合治理。彭波、张权（2020）⑥ 从宏观层面对25年来中国互联网治理模式的形成与嬗变进行历时性考察后发现，可以将中国互联网治理的探索过程划分为五

---

① 王明国．全球互联网治理的模式变迁制度逻辑与重构路径［J］．世界经济与政治，2015（3）：47-73.

② 苗国厚．互联网治理的历史演进与前瞻［J］．重庆社会科学，2014（11）：82-86.

③ 赵玉林．构建我国互联网多元治理模式：匡正互联网服务商参与网络治理的“四大乱象”［J］．中国行政管理，2015（1）：16-20.

④ 邹军．全球互联网治理的模式重构、中国机遇和参与路径［J］．南京师大学报（社会科学版），2016（3）：57-63.

⑤ 金超．“枫桥经验”视野下的互联网治理之道：自治、法治、德治相结合的网络社会治理模式构建［J］．浙江警察学院学报，2019（3）：20-31.

⑥ 彭波，张权．中国互联网治理模式的形成及嬗变（1994—2019）［J］．新闻与传播研究，2020，27（8）：44-65+127.

个阶段：（1）针对互联网普及率的治理；（2）针对网络媒体的治理；（3）针对网民及集体行动的治理；（4）针对互联网政治性使用的治理；（5）针对互联网利益集团的治理，各阶段形成一系列行之有效的治理模式。中国互联网治理的成功之道在于坚持因时制宜、因事制宜，并于不断变化的外部环境中维持好发展与治理的平衡。

二、互联网治理机制研究

当前，国内外关于互联网治理机制的研究主要从两个层面展开，一是从理论层面，对互联网治理机制进行理论建树。二是互联网治理机制的具体实践层面，探讨互联网治理机制形成的治理模式。在理论层面，对互联网治理机制理论的探讨，最具代表性的是哈佛大学政治学教授约瑟夫·奈（Joseph Nye）建构的网络空间治理机制复合体理论。奈作为新自由主义学派的创始人，将国际关系理论中的国际机制理论用在解释网络空间治理之中。在罗伯特·基欧汉（Robert Keohane）与奈合著的《权力与相互依赖》一书中，构建了解释21世纪国际关系的复合相互依赖理论，成为新自由制度主义的理论基石，也成为奈在网络空间建构网络空间机制复合体理论模型的理论基础。[①]

许亚伟（2008）[②] 在治理理论的基础上，建立了治理机制的分析框架，包括治理的原则、主体、客体、手段四个相互联系的部分。从治理的原则、主体、客体、手段四个方面详细论述中国互联网治理。蒋力啸（2011）[③] 认为目前最具影响力的互联网治理机制是互联网名称与数字地址分配机构和它的挑战者——联合国系统下的三个机构：国际电信联盟、信息社会世界峰会和国际互联网治理论坛。这两套互相竞争的机制各有不足之处。任何国际治理机制的有效性和合法性在很大程度上依赖于新兴大国的参与，互联网治理机制也是如此。中国如果能在其中扮演更加重要的角色，将对互联网治理起到积极的作用。王荣国（2012）[④] 认为促进互联网的健康发展，提高对虚拟社会的管理水平，迫切需要结合我国国情，建立统一的互联网管理机构，完

---

① 张坯. 网络空间全球治理机制的中国方案研究［D］. 长沙：湖南师范大学，2020.

② 许亚伟. 中国互联网治理机制研究［D］. 北京：北京邮电大学，2008.

③ 蒋力啸. 试析互联网治理的概念、机制与困境［J］. 江南社会学院学报，2011（3）：34-38.

④ 王荣国. 互联网治理的问题与治理机制模式研究［J］. 山东行政学院学报，2012（2）：23-25.

善法律法规，改进引导教育机制，采取法制约束与自律结合，创新技术与人工审查结合，政府监管与公众监督结合等多种模式对互联网进行治理。柳强（2014）[①] 采用博弈理论对互联网治理信息共享的机制和路径进行研究，认为互联网治理内容的复杂性和动态性决定了互联网治理概念体系的复杂性，互联网治理信息参与主体间的共享有着重要意义。张鑫（2019）[②] 认为分析网络空间治理工作机制存在的问题，应围绕从舆论引导到网络空间治理的发展实践，立足于当前网络空间顶层设计、政府主导管理、平台主体责任、自组织运行规范机制等的梳理研究，从思想观念、政策法规、体制机制、模式方法、监督执法等方面提出加强网络空间治理，促进网络空间舆论环境健康发展的优化路径。李彦和曾润喜（2019）[③] 借鉴历史制度主义，从治理机构、治理依据和治理方式等方面，考察我国互联网各个阶段的发展，探究互联网自身的演进，社会背景与互联网治理制度之间的互动关系，认为我国互联网治理制度变迁的最大动力来自互联网自身的演进，治理机构、治理依据和治理方式都得到了较大程度的提升或完善，改善了国家与社会之间的关系。宋嘉庚等（2020）[④] 认为从完善国家治理体系和增强治理能力的视角出发，需建立新的网络监管机制。新机制包括三个方面：在理念上，应从“管控”走向“治理”；在对象上，应从“统一管理”走向“分类治理”；在构成上，应从法律机制、社会控制机制和网民自律机制等方面来构建。

三、互联网信息和内容治理研究

国外学者对互联网信息和内容治理方面的研究相对较少，主要是涉及技术层面的网络安全问题。例如，Knake（2010）[⑤] 认为互联网治理不仅涉及技术问题，还包括网络资源的利益分配及互联网安全方面的问题。Shackelford

---

① 柳强. 互联网治理信息的共享研究［D］. 北京：北京邮电大学，2014.

② 张鑫. 网络空间治理的发展实践与优化路径［J］. 新视野，2019（6）：65-71.

③ 李彦，曾润喜. 历史制度主义视角下的中国互联网治理制度变迁（1994—2019）［J］. 电子政务，2019，198（6）：37-45.

④ 宋嘉庚，赵璐敏，张钰儿. 网络治理视角下网络监管机制探析［J］. 出版发行研究，2020，342（5）：54-60.

⑤ KNAKE R K. Internet governance in age of cyber insecurity：foreign affairs report：No. 56［R］.［S. l. ：s. n. ］，2010.

等（2017）[①] 针对网络治理在网络安全中的关键作用，讨论了各利益相关方在多边网络空间模型中的连接关系。Stier 等（2017）[②] 收集并提取500 个核心账户，运用社会网络分析方法加以分析，讨论社交媒体与政府在网络治理中的作用。

我国学者对互联网信息和内容治理的研究主要集中在互联网不良信息治理、互联网信息治理机制、网络平台新闻信息治理、互联网信息服务治理政策等方面。巫思滨（2011）[③] 对我国互联网不良信息治理现状进行了分析，发现我国不良信息治理中存在的问题，并结合美国、英国、德国、新加坡和韩国的互联网不良信息治理经验，构建了我国互联网不良信息综合治理模型，提出了互联网不良信息综合治理相关的建议。李敏（2012）[④] 对国外网络信息治理的成功典型进行了考察，并分析了我国网络信息治理的现状和存在的问题，在此基础上提出了促进我国网络信息治理的建议。梅松（2016）[⑤] 认为需要从国际、国家、社会以及个人四个层面创新并完善互联网信息治理的体制和机制，构建基于国家总体安全观视域下的互联网信息治理体系，保障国家总体安全和经济社会的良序发展。叶雪枫（2018）[⑥] 从社交类网络平台新闻信息的传播现状与治理现状两方面切入，对国外的社交类网络平台新闻信息治理现状进行有针对性的分析，希望对我国当下的社交类网络平台新闻信息治理实践有所助益。魏娜等（2019）[⑦] 运用政策文献计量方法，以1994—2018 年发布的209 份互联网信息服务治理政策为数据样本，以1994 年以来五次大规模机构改革为时间节点，对不同时期我国互联网信息服务治理

---

① SHACKELFORD S，RICHARD E，RAYMOND A，et al. IGovernance：The Future of Multi - Stakeholder Internet Governance in the Wake of the Apple Encryption Saga [EB/OL].（2016 - 10 - 12）[2016 - 10 - 12]. https://ssrn.com/abstract = 2851283.

② Stier S，Schünemann W J，Steiger S. Of activists and gatekeepers：Temporal and structural properties of policy networks on Twitter [J]. New Media & Society，2017，20（5）：1910-1930.

③ 巫思滨. 互联网不良信息综合治理研究 [D]. 北京：北京邮电大学，2011.

④ 李敏. 网络信息治理的国外考察及启示 [J]. 特区经济，2012（10）：281-283.

⑤ 梅松. 国家总体安全观视域下的互联网信息治理研究 [J]. 社会治理法治前沿年刊，2016：101-112.

⑥ 叶雪枫. 中国社交类网络平台新闻信息治理研究 [D]. 上海：上海社会科学院，2018.

⑦ 魏娜，范梓腾，孟庆国. 中国互联网信息服务治理机构网络关系演化与变迁：基于政策文献的量化考察 [J]. 公共管理学报，2019，16（2）：91-104 + 172-173.

机构间互动网络与演进机制进行考察与分析。尹健（2019）[①] 通过多个研究视角梳理了我国互联网信息治理机制的形成路径。随后对我国互联网信息治理的现状进行了回顾，提出互联网信息传播中出现的大量失范现象，不良信息泛滥给社会带来严重危害，导致我国要加强互联网信息治理。谢新洲和石林（2020）[②] 回溯互联网技术的发展历史，从治理场景变迁、治理资源配置、治理体系三个维度，对我国网络内容治理的发展逻辑进行了总结，在互联网技术的去中心化本性和治理逻辑的中心化惯性之间寻找平衡点，并提出网络内容治理的实质是技术治理。

第二节　互联网协同治理研究

在互联网治理的问题上，部分学者认为互联网是自由的，不需要治理，只需要依靠技术手段去维护。比如，Castells（2011）[③] 认为，互联网治理仅仅是个技术问题，互联网完全可以通过技术的方式实现自我治理。而大部分学者逐渐意识到互联网是需要治理的。例如，Sunstein（2002）[④] 在其所写的著作 *Republic. com* 中认为，互联网上的意见具有极端化的倾向，这有害于社会稳定，从而认为互联网需要治理。Toffler 等（2013）[⑤] 认为，未来世界的控制权将掌握在拥有信息的人手中，因此，互联网的治理是有必要的。近年来，学者们对互联网协同治理从不同角度提出了更多观点。Kleiwachter 等（2015）[⑥] 通过网络生态观类比污染自然环境的后果，从而强调互联网治理的

---

① 尹健. 中国互联网信息的治理机制及路径优化研究［D］. 广州：暨南大学，2019.

② 谢新洲，石林. 基于互联网技术的网络内容治理发展逻辑探究［J］. 北京大学学报（哲学社会科学版），2020，57（4）：127-138.

③ Castells M. The Rise of the Network Society-The Information Age：Economy，Society，and Culture［M］. New Jersey：John Wiley & Sons Inc，2011.

④ Sunstein C R. Republic. com［M］. Princeton：Princeton University Press，2002.

⑤ Toffler A，Toffler H. Revolutionary Wealth［J］. New Perspectives Quarterly，2013，30（4）：122-130.

⑥ Kleinwachter W，Almeida V A F. The Internet Governance Ecosystem and the Rainforest［J］. IEEE Internet Computing，2015，19（2）：64-67.

重要性。Almeida（2014）[①]认为，互联网不再只是一种技术，因此，各国需建立本地的网络安全及互联网治理政策与框架。Cerf（2015）[②]认为，多方互联网治理是最好的方式，并提出分布式治理模型。Ostrom（2015）[③]认为，协同治理是一种合理的互联网民主治理理念。自此，互联网协同治理的理念得到了学术界的共识。

我国在互联网治理的早期，实施的是政府主导下的行政管理模式，政府在互联网治理中扮演的角色都处在非政府化组织或私营机构之上。在互联网发展的新阶段，一方面，社会公众进一步参与到互联网的信息传播中来，网民主体意识不断形成；另一方面，政府的政策滞后于互联网治理的新需要，难以发挥理想的作用。在此情况下，多主体协同的互联网治理理念逐渐渗入我国的互联网治理实践。[④] 雷辉等（2015）[⑤]通过对互联网治理现状进行分析，从网络治理主体、网络内容、分析工具三个层面出发，运用行动者网络理论，提出以网络正能量为引导的政府、企业、学校、网民四位一体的协同治理体系，并提出相应的政策建议。雷志春（2018）[⑥]从马克思主义群众观的基本要求，提出了“一主三辅”的网络空间治理模式，即形成以政府为主要引导力量（“一主”），互联网企业、互联网行业组织和网民（“三辅”）参与配合的基本治理格局。居梦菲和叶中华（2018）[⑦]对政府、企业、专家学者、非营利性组织、媒体、公众六大主体及主体间的合作进行研究。在阐述治理现状的基础上，总结网络食品安全谣言难以治理的深层次原因，并提出相应对策，即建立以政府为主导，其他治理主体协同治理的网络食品安全谣言多元共治

---

① Almeida V A F. The Evolution of Internet Governance: Lessons Learned from NETmundial [J]. IEEE Internet Computing, 2014, 18 (5): 65-69.

② Cerf V G. Internet Governance and the Internet Governance Forum Redux [J]. IEEE Internet Computing, 2015, 19 (2): 96-96.

③ Ostrom E. Governing the commons [M]. Cambridge: Cambridge university press, 2015.

④ 张伟，金蕊. 中外互联网治理模式的演化路径 [J]. 南京邮电大学学报（社会科学版），2016，18（4）：14-20.

⑤ 雷辉，王鑫，王亚男，等. 行动者网络主体的网络正能量协同治理研究 [J]. 湖南大学学报（社会科学版），2015，29（2）：58-62.

⑥ 雷志春. 马克思主义群众观视域下中国网络空间治理模式研究 [D]. 武汉：华中科技大学，2018.

⑦ 居梦菲，叶中华. 网络食品安全谣言治理研究 [J]. 电子政务，2018（9）：66-76.

机制。展菲菲（2019）[①]从多元主体协同治理的角度探索治理网络暴力的模式，以改善政府与网络媒介、网民、网络社会组织的互动机制，优化网络暴力治理路径为研究目标，就如何在协同治理视角下完善网络暴力治理提供具体的思路。郭倩（2019）[②]从新媒体现状及涌现的问题入手，分析当前治理所面临的困境，在此基础上提出以生态学理念统领治理全局，并以此为关照进行新媒体协同治理，实现改善新媒体生态环境并促进其良性循环的目标。杨伟伟（2019）[③]以11家公开募捐信息平台为例，分析了平台的服务、募捐、慈善机构入驻以及接受举报等情况，探讨了我国公开募捐信息平台发展中存在的法律监管漏洞、公募标准不明、慈善认定意愿不高、自身运营欠规范、慈善捐助失信等问题，并提出构建基于七维协同治理体系，以推进互联网公开募捐信息平台建设的建议。

第三节　互联网治理的研究方法

学者们采用多种研究方法对互联网治理过程中的问题进行研究，查阅相关文献，可以发现在互联网治理中主要使用的研究方法包括贝叶斯网络、博弈理论、数据挖掘技术等，其中贝叶斯网络包含了朴素贝叶斯决策、动态贝叶斯网络等具体方法，博弈理论中主要采用演化博弈理论方法，数据挖掘技术使用了各种有关数据分析、机器学习的算法。具体的研究方法分类如下。

一、贝叶斯网络

贝叶斯网络（Bayesian Network）也被称为信念网络（Belif Network）或者因果网络（Causal Network），是描述数据变量之间依赖关系的一种图形模式，是一种用来进行推理的模型。贝叶斯网络属于人工智能研究方法中的一种，在众多学科领域有着广泛的应用。与互联网治理相关的研究领域主要集中在网络舆情治理的研究上，一些学者使用贝叶斯网络建模的方法进行研究。张

---

① 展菲菲. 协同治理视角下网络暴力治理研究［D］. 曲阜：曲阜师范大学，2019.

② 郭倩. 从生态学角度审视新媒体协同治理［J］. 中北大学学报（社会科学版），2019，35（6）：12-17.

③ 杨伟伟. "七维"协同治理：推进我国互联网公开募捐信息平台的规范化建设：基于首批11家公开募捐信息平台的分析［J］. 理论月刊，2019（6）：145-154.

一文等（2012）[①]提出基于贝叶斯网络建模的网络舆情态势评估方法。通过对关键指标数据进行仿真和学习，建立网络舆情态势评估模型，从而对网络舆情态势进行有效评估和预测。Negron（2014）[②]采用贝叶斯信念网络模型，分析人口统计数据、社会经济因素和现有互联网治理系统改变的可行性之间的相关性。许凤和戚湧（2017）[③]基于贝叶斯网络方法，构建互联网治理协同度影响因素网络，分析协同度差异原因及影响因素结构关系。仝鑫（2018）[④]提出一种新型的贝叶斯网络进行文本感情分析的方法，实现高效率的自动化网络舆情监控，并由此实现了基于犯罪目标求解一条最优的“侦查、渗透、取证”网络执法流程，实现自动化打击网络犯罪。杨静等（2019）[⑤]利用动态贝叶斯网络构建网络舆情危机等级预测模型，为网络舆情危机预警系统提供理论支撑。田世海等（2019）[⑥]首先从平台控制性、信息准确性、主体批判性、传播突变性四个维度识别自媒体舆情反转的影响要素，然后构建预测模型的贝叶斯结构，利用70个舆情案例数据集完成参数学习，建立自媒体舆情反转预测模型。陈震和王静茹（2020）[⑦]提出了一种基于贝叶斯网络分析网络舆情事件趋势的方法：先根据先验知识和专家指导设计BN拓扑结构，再利用EM算法推算条件概率表，最后通过训练集和测试集的方法检验BN的有效性。朱敏（2020）[⑧]以贝叶斯概率理论为基础，建立朴素贝叶斯来构建社交网络入侵行为取证模型，基于先验概率寻找后验概率的核心思想实现入侵行

---

① 张一文，齐佳音，方滨兴，等. 基于贝叶斯网络建模的非常规危机事件网络舆情预警研究［J］. 图书情报工作，2012，56（2）：76-81.

② Negron M A. A Bayesian Belief Network analysis of the Internet governance conflict［C］//IEEE. International Conference for Internet Technology & Secured Transactions.［S. l.］:［s. n.］, 2014.

③ 许凤，戚湧. 基于贝叶斯网络的互联网协同治理研究［J］. 管理学报，2017，14（11）：1718-1727.

④ 仝鑫. 基于贝叶斯网络的公安网络执法手段研究［J］. 网络空间安全，2018，9（1）：99-104.

⑤ 杨静，邹梅，黄微. 基于动态贝叶斯网络的网络舆情危机等级预测模型［J］. 情报科学，2019，37（5）：92-97.

⑥ 田世海，孙美琪，张家毓. 基于贝叶斯网络的自媒体舆情反转预测［J］. 情报理论与实践，2019，42（2）：127-133.

⑦ 陈震，王静茹. 基于贝叶斯网络的网络舆情事件分析［J］. 情报科学，2020，38（4）：51-56+69.

⑧ 朱敏. 基于朴素贝叶斯的社交网络入侵行为取证模型构建［J］. 廊坊师范学院学报（自然科学版），2020，20（4）：11-15.

为取证。实验结果表明，基于朴素贝叶斯的社交网络入侵行为取证模型的异常类型匹配度高、取证范围大、实际应用效果好。王茜仪等（2020）[①]通过主成分分析（PCA）对网络舆情指标权重研究进行降维处理，再利用贝叶斯算法进行预测，构建预测模型，通过实验为网络舆情预测提供一种可行性方法。

二、博弈理论

博弈论（Game Theory）又被称为对策论，既是现代数学的一个新分支，也是运筹学的一个重要学科，主要是研究多个个体或团队之间在特定条件制约下，对局中利用相关方的策略而实施对应策略的学科。博弈论考虑游戏中个体的预测行为和实际行为，并研究他们的优化策略。博弈论在金融学、证券学、生物学、经济学、国际关系、计算机科学、政治学、军事战略和其他很多学科都有广泛的应用。众多学者在互联网治理的研究上运用博弈论，研究领域主要包括互联网信息治理、互联网参与主体之间的博弈问题、网络舆情治理等方面。柳强（2008）[②]以互联网治理信息作为研究对象，运用博弈论对互联网治理信息在各参与主体间的共享问题进行了研究，并采用博弈论对互联网治理信息在不同国家政府间共享的实现路径进行了理论上的分析和描述。戚湧和许凤（2016）[③]基于多群体模仿者动态模型，将互联网治理各方按照性质分为政府与非政府双方，进行演化博弈结果仿真及影响因素分析，研究如何增强在互联网治理中双方的合作动力。何洪阳（2019）[④]基于演化博弈论，构建政府部门与互联网信息服务企业间的演化博弈模型，通过对演化博弈模型进行求解并做数值仿真分析，探讨行业协会与公众参与治理过程前后，政府部门对互联网信息服务企业契约激励效果，为今后更好地制定多

---

① 王茜仪，杜明坤，孙逸飞．基于 PCA-贝叶斯算法的网络舆情预测研究［J］．无线互联科技，2020，17（15）：43-46．

② 柳强．互联网治理信息的共享研究［D］．北京：北京邮电大学，2008．

③ 戚湧，许凤．基于演化博弈的互联网协同治理［J］．南京理工大学学报，2016，40（6）：752-758．

④ 何洪阳．基于演化博弈的互联网信息服务业多元治理研究［D］．重庆：重庆邮电大学，2019．

元协同治理政策提供帮助。卢金荣和李意（2019）[①] 基于演化博弈论视角，构建互联网空间意识形态治理的演化博弈模型，在此基础上探讨政府和非政府群体这两个主体在治理问题上的策略选择，以及关键因素对主体策略选择的影响。杨丽颖（2019）[②] 以陕西榆林“产妇坠楼事件”为例，引入演化博弈论的方法，对涉医网络舆情的形成、衰退阶段中的多方参与主体进行了分析，分别从医方、政府、媒体和网民四个角度提出了舆情管控建议，以期为引导涉医网络舆情良性发展提供有指导性的建议。祁凯和杨志（2020）[③] 运用演化博弈论构建了网络媒体与地方政府双方演化博弈模型，在引入中央政府惩罚机制的基础上，对比分析了网络媒体与地方政府双方行为策略选择的演化稳定均衡，同时采取多案例实证研究的方法，并通过数值仿真分析对模型进行多情景推演模拟。张凤哲（2020）[④] 基于博弈论思想和生态学中的共生理论，从舆情主体角度考虑，通过对各阶段博弈模型的分析和求解，深入挖掘网络舆情发展路径中各个博弈方的最稳定选择，构建网络舆情协同共生机制。李钱钱（2020）[⑤] 基于全生命周期的突发事件网络舆情传播演化博弈模型，对复制动态方程进行求解得出演化的均衡点，在此基础上对其进行稳定性分析，基于实际案例对所建模型进行仿真分析，进而证明模型的合理性，为监管部门治理突发事件网络舆情提供针对性的建议。卢安文和何洪阳（2020）[⑥] 采用演化博弈论，构建政府部门与互联网信息服务企业之间的博弈模型，考虑协会与公众在治理过程中的作用，分析二者参与概率取值变动对博弈主体策略选择的影响，同时探究其各自属性对优化多元协同治理模式效果的影响。

---

① 卢金荣，李意. 基于演化博弈的我国互联网空间意识形态治理研究［J］. 青岛科技大学学报（社会科学版），2019，35（3）：75－80.

② 杨丽颖. 多方主体参与下涉医网络舆情演化博弈研究［J］. 图书情报导刊，2019，4（1）：48－55.

③ 祁凯，杨志. 突发危机事件网络舆情治理的多情景演化博弈分析［J］. 中国管理科学，2020，28（3）：59－70.

④ 张凤哲. 基于多方博弈的网络舆情协同共生机制研究［J］. 情报探索，2020（2）：21－27.

⑤ 李钱钱. 基于演化博弈的突发事件网络舆情传播研究［D］. 河南：郑州大学，2020.

⑥ 卢安文，何洪阳. 基于演化博弈的互联网信息服务业多元协同治理研究［J］. 运筹与管理，2020，29（11）：53－59.

三、数据挖掘技术

数据挖掘是指从大量数据中通过算法搜索隐藏于其中的信息的过程。数据挖掘通常与计算机科学有关，并通过统计、在线分析处理、情报检索、机器学习、专家系统（依靠过去的经验法则）和模式识别等诸多方法来实现上述目标。数据挖掘技术在互联网治理上有着较为广泛的应用，尤其是在网络虚假信息、网络舆情治理、互联网金融治理等方面，数据挖掘技术属于一种技术层面的互联网治理方法。彭浩等（2015）[①] 针对现有微博网络舆情分析的研究没有从全局层面考虑舆情文本特征的情况，结合微博网络舆情的主题及趋向性分析，提出了基于主题发现的微博网络舆情分析模型，从文本预处理、微博文本特征提取、微博舆情的主题发现及趋向性分析三方面进行了具体描述。彭梅（2017）[②] 分析了开放网络环境下不良信息的识别研究现状，归纳了常用的不良信息识别算法，包括谱聚类算法、神经网络算法、信息论算法和 K 均值算法，同时针对 K 均值算法进行深入研究，提出了一个模糊 K 均值算法，以便能够更加准确地识别不良信息，准确地获取信息内容。孟晗（2017）[③] 采用 B/S 的架构搭建了一个网络舆情可视化平台，对改进的算法与数据结构进行验证与分析，将数据进行中文分词处理的结果以词云的形式展示出来，将数据进行文本聚类与文本情感倾向分析的结果以图形报表的形式展示出来。邓胜利和汪奋奋（2019）[④] 结合互联网治理思想，构建了一个多方参与、协同共治的网络虚假评论信息治理体系。他们认为网络虚假评论信息识别研究需拓展研究领域，挖掘准确可靠的评论数据集，探索最优的特征组合，最终落实治理策略的研究。喻国明（2019）[⑤] 认为智能化的数据信息处理，在这种群体性的内容需求市场和个体性的内容需求市场的满足方面，正扮演着不可或缺的重要角色。对于互联网这个复杂系统下的网络治理，我

---

① 彭浩，周杰，周豪，等. 微博网络中基于主题发现的舆情分析［J］. 电讯技术，2015（6）：611-617.

② 彭梅. 开放网络环境下不良信息的识别［J］. 电子技术与软件工程，2017（5）：224-225.

③ 孟晗. 面向社交网络的舆情捕捉分析策略的研究与应用［D］. 北京：北京工业大学，2017.

④ 邓胜利，汪奋奋. 互联网治理视角下网络虚假评论信息识别的研究进展［J］. 信息资源管理学报，2019（3）：73-81.

⑤ 喻国明. 人工智能与算法推荐下的网络治理之道［J］. 新闻与写作，2019（1）：61-64.

们更需要广泛的社会参与和社会表达，通过自组织的“涌现现象”最终形成自组织的模式来造福社会。张昶等（2019）[①] 利用国内某大型互联网金融平台的借贷数据，基于数据挖掘的思路和方法，对数据进行了预处理、挖掘建模以及结果的分析，主要通过决策树算法找到借贷违约人的普遍特征，挖掘出隐藏在数据背后的知识和模式，并提出互联网金融平台的借贷风险治理方案，降低了信息不对称性，优化了互联网金融平台的资源配置。王民昆等（2020）[②] 提出了一种基于 LSTM（长短期记忆网络）的深度学习的社会网络舆情监测。该模型使用 Word 2 Vec 算法中的 CBOW 模型，该模型能将单词序列转换为向量序列，然后将向量序列输入 LSTM 模型中，在 LSTM 模型的最后一个时间输出的预测类作为舆情监测的判断依据。杨文阳（2020）[③] 以微信为例讨论了网络舆情信息源设置和优化的问题，并提出了解决该问题的模型。该模型结合了信息源模型和信息传播模型，并把信息源的个体特征作为其定位特征。李振鹏等（2020）[④] 基于机器学习中的无监督学习 K-means 文本聚类算法，依据中宣部舆情分类标准，实证研究了天涯杂谈 2012 年 1 月 1 日到 2015 年 12 月 31 日帖子的舆情分布情况，并对各类别的点击量和回复量之间的显著性差异进行了秩和检验。

第四节　研究述评

综上所述，已有学者对互联网治理模式和机制、互联网协同治理、互联网治理的研究方法等方面进行了研究，但总体而言，该领域的研究仍需要在以下方面进一步挖掘和深化。

（1）互联网治理的研究视角。目前的研究主要是针对互联网治理模式、

---

① 张昶，李晓峰，任媛媛．基于数据挖掘的互联网金融平台风险治理研究［J］．价值工程，2019（8）：148–151．

② 王民昆，王浩，苏博．基于深度学习 LSTM 算法的社会网络的舆情监测［J］．现代计算机，2020（33）：20–24．

③ 杨文阳．基于遗传算法和贪心算法的网络舆情传播优化模型构建研究［J］．中国电子科学研究院学报，2020（11）：1057–1064．

④ 李振鹏，陈碧珍，罗静宇．基于文本挖掘的网络舆情分类研究［J］．系统科学与数学，2020，40（5）：813–826．

互联网治理机制、互联网信息和内容治理等方面，这些研究大多数是基于政府主导视角，而忽视了互联网其他主体参与治理的问题。比如在众多的互联网事件中，网民的力量不可小视，如拼多多员工猝死事件、PX 事件等，在很多事件中，网民积极参与互联网治理，纷纷表达看法并形成一定舆论压力，甚至改变事件原有的进程。因此可以从网民参与互联网治理的视角，研究互联网的治理问题。

（2）多主体参与互联网协同治理的模式研究。目前针对互联网协同治理的研究涉及多个主体，互联网需要多主体参与治理已成为实务界和学界的共识，但是，问题在于如何确定各主体在互联网协同治理中的角色，才能达到较高程度的治理协同，从而提高一国或地区的互联网治理水平，使互联网有序运转。因此可能需要从互联网协同治理的理论基础、协同过程以及协同效果三个角度构建互联网协同治理体系框架，才能实现多主体参与互联网协同治理的良好结果。

（3）互联网协同治理的研究方法。已有的针对互联网治理的研究方法包括贝叶斯网络、博弈论等，但这些研究方法只是孤立地研究一些互联网问题，可以发现这些研究方法主要集中在互联网治理内容的部分应用上。众多研究表明，互联网治理是政府、媒体、网民根据各自的立场制定和实施旨在规范互联网发展和使用的共同原则、准则、决策程序和方案，这强化了政府、媒体、网民共同参与互联网治理的概念，也就是互联网协同治理。相关研究方法，如演化博弈论有助于分析协同各方在何种条件下能够更加有效地协同治理，而多智能体建模等分析方法有利于互联网协同治理行为仿真实验模型的建立与分析，因此这些理论和方法有助于解决互联网复杂系统的治理问题。

（4）互联网协同治理的政策建议。目前已有的互联网治理的对策建议，主要是基于政府主导下法律、法规等的制定和实施，而基于政府为主导、互联网媒体和网民参与的协同治理模式下，在针对协同过程和协同效果等方面评价的基础上，实施互联网协同治理的对策建议，有助于丰富我国互联网协同治理的政策理论体系。

第四章 中国互联网治理的现状与问题分析

第一节 中国互联网治理的现状

以互联网为代表的计算机网络时代已经彻底改变人类生活和生产方式，随着信息技术的持续变革，网络虚拟空间和现实生活也不断融合。互联网的安全性不仅关系到人们的日常生活方式，也关系到我国政治、军事、经济、社会、文化等各个领域的安全。虽然网络空间安全已经上升为我国的国家战略，但近年来随着人工智能、物联网、大数据和云计算等新技术的应用和发展，网络空间安全面临的压力越来越大，我国网络空间安全体系战略的构建刻不容缓。

人民网舆情数据中心的数据显示：2019 年，从互联网治理案例的处理结果上看，较为严重的永久或短期下线、关停、下架、注销账号等占 38%，较 2018 年全年下降 4 个百分点；行政处罚的比例从 2018 年的 12%上升至 27%。此外，有 App 因涉嫌破坏计算机信息系统被检察院批捕、有信用卡平台因暴力催收债务行为涉嫌寻衅滋事等犯罪被警方调查、“净网 2019”等专项行动盯紧网上各类违法犯罪活动，违法/违规运营成重点治理对象。从被治理主体的违规行为分布看，2019 年以来违法/违规运营、低俗色情、违法/违规/虚假信息成为全年治理重点，整体占比达 56%。经过大力整治，低俗色情内容占比从 2018 年的 45%下降至 16%，相比之下违法/违规运营比重明显上升。相关治理覆盖网络游戏、社交 App、内容资讯、电商等领域。① 另一方面，2019 年还有《儿童个人信息网络保护规定》《网络音视频信息服务管理规定》《网络信息内容生态治理规定》等多部规制互联网产品的法律法规出台，互联网

---

① 荀正瑜. 2019 年互联网治理呈现什么特点？［EB/OL］.（2020-01-16）［2021-07-08］. https://www.soho.com/a/367216808.584217.

平台合法合规运营的重要性更加突出。

2014 年 2 月 27 日，中共中央网络安全和信息化领导小组成立后，习近平总书记提出，领导小组要发挥集中统一的领导作用，协调各个领域的网络安全和信息化的问题，制定实施国家网络安全和信息化发展战略和政策。中央网络安全和信息化领导小组将着眼国家安全和长远发展，统筹协调涉及经济、政治、文化、社会及军事等各个领域的网络安全和信息化重大问题，研究制定网络安全和信息化发展战略、宏观规划和重大政策，推动国家网络安全和信息化法治建设，不断增强安全保障能力。

中共中央办公厅和国务院办公厅于 2016 年 7 月 27 日公布《国家信息化发展战略纲要》，要求信息化驱动现代化，加快建设网络强国。实现这一目标分为三阶段：第一阶段到 2020 年，核心关键技术部分领域达到国际先进水平，信息化产业国际竞争力大幅提升，信息化成为驱动现代化建设的引导力量。第二阶段到 2025 年，建设国际领先的移动通信网络，改变核心关键技术受制于人的局面，培养具有国际竞争力的网络信息企业。第三阶段到 21 世纪中叶，信息化全面支撑国家社会主义现代化建设，引领全球信息化发展。过去我国的信息化应用做得比较好，但信息技术产业自主研发能力仍不足，关键核心技术受制于美国人，打造自主研发的技术产业生态体系，需要做好战略规划，而这就是此战略纲要推出的重大意义之一。

第十二届全国人民代表大会于 2015 年 7 月 1 日通过《中华人民共和国国家安全法》，首次把网络主权这一概念提升到法律高度。2016 年 11 月通过《中华人民共和国网络安全法》，提出“国家主权延伸到网络空间”“网络主权成为国家主权的重要组成部分”“网络主权不容侵犯”等，再次强调网络主权的重要性。《中华人民共和国网络安全法》（以下简称《网络安全法》）作为我国网络安全领域的基础性法律，其在网络安全史上具有里程碑式的意义。对于国家来说，《网络安全法》涵盖了网络空间主权、关键信息基础设施的保护条例，有效维护了国家网络空间主权和安全；对于个人来说，其明确加强了对个人信息的保护，打击网络诈骗，从法律上保障了广大人民群众在网络空间的利益；对于企业来说，《网络安全法》则对如何强化网络安全管理、提高网络产品和服务的安全可控水平等提出了明确的要求，指导着网络产业的安全、有序运行。

当前，我国网络空间安全面临严峻风险与挑战，包括关键信息基础设施遭受攻击，严重危害国家经济安全和公共利益；网络谣言、淫秽、暴力、迷信等有害信息侵蚀文化安全和青少年身心；网络恐怖和违法犯罪大量存在，威胁人民生命财产安全，破坏社会秩序；围绕网络空间资源控制权、规则制定权的国际竞争日趋激烈，网络空间军备竞赛挑战世界和平等。国家互联网信息办公室于2016年12月27日发布《国家网络空间安全战略》，明确指示捍卫网络主权，维护国家安全，保护关键基础设施，加强网络文化建设，打击网络恐怖和违法犯罪，完善网络治理体系，夯实网络安全基础，提升网络空间防护能力，强化网络空间国际合作等九项任务。首次以国家战略文件的形式，从国际和国内等层面提出具体的网络空间安全战略，提出推进和平、安全、开放、合作和秩序五项具体目标。其中，和平与合作的目标是着眼于国际层面，目的是有效遏止信息技术的滥用，反对各国在网络空间实施军备竞赛，有效防范网络空间冲突，进而加强信息技术交流、打击网络恐怖组织和犯罪等，建立完善国际网络治理体系。国内层面则侧重于安全与开放的目标。安全目标具体在掌握核心技术装备，稳定网络、信息系统技术和满足网络安全人才的需求，提升网络安全意识和基本防护能力。开放的目标则凸显于政策和市场开放，使产品流通更为顺畅，并消除发展中国家与发达国家在网络信息技术领域的数字鸿沟，即任何国家不分国力强弱和贫富悬殊，都能分享互联网技术，公平参与网络空间全球治理。此战略还提出，一个安全稳定繁荣的网络空间，对各国乃至世界都具有重大意义。中国愿与各国一道，坚持尊重维护网络空间主权、和平利用网络空间、依法治理网络空间、统筹网络安全与发展，加强沟通、扩大共识、深化合作，积极推进全球互联网治理体系变革，共同维护网络空间和平安全。

2017年3月1日，国家互联网信息办公室与外交部共同发布《网络空间国际合作战略》，确立我国参与网络空间国际合作的战略目标，其中维护网络主权是首要目标。《网络空间国际合作战略》提出九项中国推动参与网络空间国际合作的行动计划：维护网络空间和平与稳定、构建以规则为基础的网络空间秩序、拓展网络空间伙伴关系、推进全球互联网治理体系改革、打击网络恐怖主义和网络犯罪、保护公民权益、推动数字经济发展、加强全球信息基础设施建设和保护、促进网络文化交流互鉴。这九项行动计划阐述了我国在国际网络空间中享有的权利及义务，同时表明了我国在国际网络空间治理的原则与立场。

2019 年 12 月，国家互联网信息办公室发布了《网络信息内容生态治理规定》，系统地回应了当前网络信息内容服务领域面临的问题，全面规定了各参与主体的权利、义务，旨在营造良好的网络生态，保障公民、法人和其他组织的合法权益，维护国家安全和公共利益，是我国在网络信息内容管理方面的一部重要法规。网络信息内容生态治理需要政府、企业、社会、网民等多方主体参与，共同构建良好的网络生态。

第二节　中国互联网治理中存在的问题分析

随着信息技术的快速发展，互联网已成为推进国家治理现代化的重要平台。我国正处在互联网快速发展的历史进程之中。目前，我国有近 10 亿网民、4198 万个网络域名，尤其是疫情期间累计申领健康码近 9 亿人，使用次数超过 400 亿人次。[①] 互联网深度融入经济社会发展和人民生活的各个方面。然而，互联网在为人们日常生活带来方便快捷的同时，也为网络犯罪、网络暴力提供了平台，尤其近年来恶意人肉搜索时有发生，个人隐私的安全问题受到极大威胁。在网络正日益渗透到人们生活方方面面的今天，个人数据能否得到有效的保护等问题，已经成为关涉网络安全乃至国家安全的重大问题。当前中国处在改革的深水区，也是社会矛盾激化的高发期，我国在互联网治理的过程中也存在诸多问题。

一、互联网安全事件频发

网络安全的威胁可以说是无所不在，随着我国数字化转型的深入发展，互联网已经越来越融入每个人的生活，网络技术能够提高信息的传播效率，但也给人们的隐私和财产安全带来风险与隐患。大量的网络安全威胁无处不在，如网络诈骗、网络暴力、个人隐私泄露等。手机 App 过度索权，强制收集个人信息，然而最终这些个人隐私却被泄露出去；勒索软件攻击个人电脑，造成金钱损失；用户发布在公共社交平台上的信息被窃取，被肆意利用；数据安全面临前所未有的威胁。数据泄露、高危漏洞、网络攻击以及相关的网

① 中国互联网络信息中心. 第 47 次中国互联网络发展状况统计报告［R/OL］.（2021-02-03）［2021-07-08］. http://www.cnnic.net.cn/hlwfzyj/hlwxzbg/hlwtjbg/202102/t20210203_71361.htm.

络犯罪呈现新的变化，个人安全意识缺乏、企业安全投入不足，也加重了网络安全事件所带来的损失和影响。随着大数据、云计算和人工智能技术的不断发展，结合最新的互联网技术而衍生出来的网络安全威胁问题将会更加突出。表4.1和表4.2分别显示了2020年和2019年我国互联网发生的主要安全事件。

表4.1　2020年我国互联网主要安全事件统计

时间	安全事件
2020年2月	在疫情期间，境外多个组织对我国发动网络攻击
2020年3月	京东等多家网站由于中间人攻击无法正常访问，出现大面积网络劫持事件
2020年3月	微博疑似数据泄露，5.38亿条微博用户信息在暗网出售
2020年4月	黑客组织“APT 32”向我国官员发出网络钓鱼电子邮件
2020年4月	郑州民办高校近两万名学生信息遭泄露
2020年5月	厦门市出现多起针对外贸公司的“冒充电子邮件”诈骗
2020年6月	台湾地区发生重大个人数据泄露事件，84%的公民信息在暗网出现
2020年8月	台积电生产工厂和营运总部中勒索病毒
2020年10月	江苏泰州警方破获一起侵犯公民个人信息案，被售卖的公民个人信息达800多万条
2020年12月	蔓灵花APT组织，利用病毒邮件对我国关键领域发动钓鱼邮件攻击

表4.2　2019年我国互联网主要安全事件统计

时间	安全事件
2019年1月	超2亿求职者简历疑泄露，数据“裸奔”将近一周
2019年1月	拼多多现优惠券漏洞，遭黑产团伙盗取数千万元
2019年2月	京东金融App被曝盗取用户隐私
2019年2月	抖音千万级账号遭撞库攻击，以此牟利百万的黑客被捕

续表

时间	安全事件
2019 年 3 月	阿里云宕机致大波互联网公司网站瘫痪
2019 年 3 月	境外黑客利用勒索病毒攻击部分政府和医院机构
2019 年 3 月	华硕超百万用户可能感染恶意后门
2019 年 5 月	湖北首例入侵物联网系统案告破，十万台（套）设备受损
2019 年 5 月	易到用车服务器遭攻击，黑客勒索巨额比特币
2019 年 6 月	广东警方打掉一个盗取游戏币的黑客团伙，该涉案团伙盗币 880 多万元

二、互联网治理主体之间缺乏协同性

传统的互联网治理模式主要是政府颁布行政法律、法规等，通过制度的约束对互联网上的种种行为进行规范性的操作，而在如今以占绝大多数的网民为主体的互联网以及网络新技术日益发达的今天，仅仅依靠政府的行政手段很难全方位地监管互联网上的所有行为。互联网治理的参与主体包括政府、企业、网民、社会组织等。党的十八大报告提出“加强网络社会管理”；十九大报告提出“建立网络综合治理体系”；“十三五”规划也要求“强化运营主体的社会责任”。2016 年 10 月 9 日，习近平总书记在主持中共中央政治局第三十六次集体学习时指出，随着互联网特别是移动互联网的发展，社会治理模式正“从单纯的政府监管向更加注重社会协同治理转变”。在 2016 年 4 月 19 日网络安全和信息化工作座谈会上，习近平总书记再次强调，网上信息管理，网站应负主体责任，政府行政管理部门要加强监管。主管部门、企业要密切协作，避免过去经常出现的“一放就乱、一管就死”现象，走出一条齐抓共管、良性互动的新路。因此，互联网治理不能仅仅依靠行政管理，而应该以开放、对话的姿态，深化政府与互联网企业、行业组织、科研机构以及公众的合作，构建多主体共同参与的治理模式。① 比如，在互联网治理的过程

① 谢新洲. 协同治理助推网络空间清朗 [N/OL]. 光明日报，2017-04-19 [2021-07-08]. https://epaper.gmw.cn/gmrb/html/2017-04/19/nw.D110000gmrb_20170419_7-03.htm.

中，传统互联网治理研究主要针对的是“网民行为失范”，相对缺乏对“互联网服务商行为失范”的关注。在政府、服务商和网民之间存在多元“协作制衡”的情况下，便可有效扭转“机制失衡”，进而防范服务商的行为失范问题。[①] 建立网络综合治理体系，营造清朗的网络空间，就需要形成党委领导、政府管理、企业履责、社会监督、网民自律等多主体参与方式，协同共治互联网。

三、互联网监管难以适应技术的发展

在互联网时代，新技术、新业态、新情况、新问题将会层出不穷，许多是互联网监管部门之前没有遇到过的。这就需要在“互联网+”、大数据、云技术、人工智能等方面加强研究，为监管部门提供智力支持。由于互联网新技术的迅猛发展和新业态的不断涌现，政府部门现有的互联网法律法规很难适应不断变化的行业生态和技术内容，比如以往的网络色情活动主要以网页形式呈现，通过查封相关网站就可以从源头上禁止网络色情活动的扩散。而如今各种交友 App、网络社群，以及直播、短视频等新媒体业态的出现，让网络色情活动有了滋生的土壤。尤其是通过这些新媒体平台，网络色情传播更快，并且不易被发觉，因此，对互联网监管部门提出了更高的要求，需要密切关注各类网络新技术和行业生态的发展趋势。对互联网执法机关和监管部门来说，必须对互联网新技术和新业态有一定的研究，才能更好地治理互联网。

四、缺乏互联网核心技术

我国互联网在发展和治理的同时，也面临着挑战。互联网企业缺乏核心技术，自主创新能力比较弱，面临着由高速增长转向高质量发展的挑战。如何探寻新的出路、新的思路，如何适应行业新环境、新发展，如何转变经营模式高质量发展，都需要互联网行业和相关企业深入思考。不少互联网企业通过简单的模仿、跟风、低成本的竞争套路赢得了一定的市场地位，但是缺乏真正的核心技术和创新。在我国互联网的发展过程中，类似于华为这样有

---

① 赵玉林．构建我国互联网多元治理模式：匡正互联网服务商参与网络治理的“四大乱象”[J]．中国行政管理，2015（1）：16–20.

创新性的企业毕竟是少数，大多数企业还是通过模仿国外已有的发展模式和成熟算法在国内设立互联网公司，但是这类互联网公司缺乏核心技术，容易受制于人，比如目前大多数移动互联网公司的操作系统是基于美国谷歌公司的算法和框架，一旦谷歌封禁了算法的使用权，我国互联网的很多领域将面临危机。习近平总书记也提到，“同世界先进水平相比，同建设网络强国战略目标相比，我们在很多方面还有不小差距，特别是在互联网创新能力、基础设施建设、信息资源共享、产业实力等方面还存在不小差距，其中最大的差距在核心技术上”。因此，建设网络强国，发展和治理互联网，关键在于突破互联网技术软肋，才能真正赢得网络治理的全球话语权。

五、个人隐私保护机制不健全

云计算、大数据应用的进一步深入，使个人隐私的安全问题继续面临极大的挑战。随着互联网的迅猛发展，个人信息的内容、形式、应用场景和利用方式均发生了翻天覆地的变化，数据的利用秩序日益成为其中的一项重要课题。特别是在各种各样的数据资源中，个人信息既关乎个人的尊严和自由，又事关社会和公共利益，其保护与利用构成了大数据基础制度的重要组成部分。大数据具有数据规模大、种类多以及处理速度快等多个特点，尤其是随着云计算、物联网等的转型升级，数据交换也实现了新的突破，同时，在大数据时代的隐私数据化程度进一步提升，大数据所导致的隐私安全方面的问题也随之出现，人们的身份信息、网络浏览痕迹、地理位置等信息也将被利用，这些数据的使用在多数情况下用户并不知晓，个人隐私权极易被侵犯。因此，在大数据时代做好个人隐私权的保护工作，显得尤为重要。①

---

① 张宇敬，齐晓娜. 大数据时代个人隐私权保护机制构建与完善［J］. 人民论坛，2016（5）：156-158.

第二部分　基于大数据的互联网治理的理论基础

互联网与大数据都是给人类社会带来深远影响的技术手段。我国当下面临着推进国家治理体系和治理能力现代化的目标任务，需要充分发挥互联网与大数据技术的作用。党的十九大报告指出，要“善于运用互联网技术和信息化手段开展工作”，要“加强互联网内容建设，建立网络综合治理体系”，要“推动互联网、大数据、人工智能和实体经济深度融合”，这为我国进一步应用大数据技术推进互联网治理提供了契机。本部分首先介绍大数据技术的基本概念以及当前基于大数据技术的互联网治理的研究进展，并探讨了基于大数据的互联网治理的实现过程；其次在国内外文献探讨的基础上，提出以政府为主导、以互联网公司为引导、网民参与的三方协同治理模式。然后根据该模式构建大数据背景下互联网协同治理的机制，研究互联网协同治理各个参与主体之间的协同问题以及协同各方在何种条件下能够更有效地对互联网进行协同治理，以期为我国互联网协同治理提出有效的对策建议。

第五章
大数据技术与互联网治理

第一节 大数据技术概述

海量数据（Big Data）又被称为大数据，在过去十多年里被广泛应用于企业内部的资料分析、商业智能和统计应用等。由麦肯锡全球研究所发表的《大数据：下一个创新、竞争和生产力的前沿》报告中提到，大数据超过了一般数据库软件所能采集、存储、分析和管理的数据集合，其可以从海量的数据中获取有益的价值信息。近年来，物联网、云计算等新兴技术快速发展，大数据技术也应运而生。[①] 大数据技术是一种分析海量数据的关键技术，可以对大量数据进行精准处理和分析，增强人们对信息的处理能力和洞察能力，创造新的工作价值。随着我国当前科学技术的不断发展，大数据技术上升到了新的层面，我国相关管理部门也提高了对大数据技术的重视程度，不断完善自身的管理模式。[②]

大数据现在不只是数据处理工具，更是一种企业思维、商业模式和治理思想。随着数据量急剧上升、储存设备成本下降、软件技术进化和云端环境的逐渐成熟等，大数据吸引了越来越多的关注。大数据技术的战略意义不在于掌握庞大的数据信息，而在于对这些含有意义的数据进行专业化的加工处理。换言之，如果把大数据比作一种产业，那么这种产业实现盈利的关键在于提高对数据的“加工能力”，通过“加工”实现数据的“增值”。大数据越来越受重视，如今成为最热门的议题之一。一般而言，大数据的特征是六个V，即Volume（容量）、Velocity（速度）、Variety（多样性）、Veracity（真实

---

① 李文军. 大数据时代政府网络舆情治理结构研究［J］. 中国应急管理科学，2020（9）：48-55.

② 何艳波. 大数据在社会治理中的智能应用研究［J］. 中国管理信息化，2021（2）：215-216.

性）、Value（价值）和Visualization（可视化）。大数据的数据特征和传统数据最大的不同是数据源多元、种类繁多，大多是非结构化数据而且更新速度非常快，导致数据量庞大。要运用大数据创造价值，首先必须注意数据的真实性。

党的十八大以来，党中央和国务院高度重视大数据技术在推进国家治理现代化过程中的应用。2015年9月，经李克强总理签批，国务院印发《促进大数据发展行动纲要》，系统部署大数据发展工作。《促进大数据发展行动纲要》明确提出，推动大数据发展和应用，在未来5～10年打造精准治理、多方协作的社会治理新模式，建立运行平稳、安全高效的经济运行新机制，构建以人为本、惠及全民的民生服务新体系，开启大众创业、万众创新的创新驱动新格局，培育高端智能、新兴繁荣的产业发展新生态。2016年3月17日，《中华人民共和国国民经济和社会发展第十三个五年规划纲要》发布，其中第二十七章“实施国家大数据战略”提出：把大数据作为基础性战略资源，全面实施促进大数据发展行动，加快推动数据资源共享开放和开发应用，助力产业转型升级和社会治理创新。具体包括加快政府数据开放共享、促进大数据产业健康发展。习近平总书记指出：“要运用大数据提升国家治理现代化水平。要建立健全大数据辅助科学决策和社会治理的机制，推进政府管理和社会治理模式创新，实现政府决策科学化、社会治理精准化、公共服务高效化。”运用大数据技术推进国家治理现代化已经成为提升国家治理水平的重要途径。

第二节　基于大数据的互联网治理的研究进展

当前，基于大数据技术对互联网治理的研究主要有以下几种类型。第一种类型是基于大数据技术对网络舆情治理的研究，这方面的研究较多。在互联网社交互动信息技术的覆盖下，人们越来越多地利用网络社交平台表达个人诉求、分享各种信息、积极建言献策，网络成为政府及时掌握社会动向，与民众实现双向沟通的高效平台。大数据时代，网络舆情管理需顺应发展潮流，积极主动升级，利用大数据为舆情管理者添翼助力，准确研判网络信息动向和舆论观点动向，识别大众情绪，提升舆情引导能力，把握事件的发展方向并就应对处理提出建议。① 面对数亿网民和浩如烟海的网络言论，网络舆情的监测和分析越来越依赖舆情大数据分析技术与平台。

王琳琳等（2018）② 认为我国可借鉴不同国家的治理经验，基于平等合作的治理理念，提升政府回应能力和应急响应能力，通过完善网络舆情法规政策体系、推进网络舆情多元治理模式、创新网络舆情管理技术与方法，构建具备“大数据观”的网络舆情治理体系。张爱军和李圆（2019）③ 认为大数据网络舆情治理具有客观公正性、精准性，能够及时有效地化解网络舆情带来的政治、经济和社会风险。大数据易于侵犯网民的个人隐私和个人尊严，从而给社会带来不稳定因素甚至社会风险。应对大数据带来的风险需要加强大数据相关法治建设，通过政府把大数据纳入伦理关怀，以政府为主导对网络舆情进行多中心治理。李净和谢霄男（2020）④ 从介入时机、基础保障等角度分析我国网络舆情的治理路径，结合大数据“4V”特征分析网络舆情发展现状，发现网络治理路径尚存在拓展、创新的问题。随着信息技术的持续发展，人们愈加认识到大数据对化解网络舆情攻坚难题有着重要的促进作用。为切实提升民众对网络舆情治理的满意度，有必要从治理过程与治理方式等层面对大数据嵌入网络舆情治理的可行性进行分析。李文军（2020）⑤ 认为大数据能助力舆情管理由事后处置转向事前预测，实现“防火式”管理；能助力舆情管理由抽样调查转向全样本分析，实现“引流式”管理。同时也面临着技术尚待突破、体制尚待健全、能力尚待提高的现实缺憾。要准确把握大数据时代发展的脉搏，按照“技术优先、体制保障、能力护航”的理念，构建集研判、疏导、管理于一体的完善机制，维护网络空间的和谐与稳定。

第二种是基于大数据技术对互联网内容的治理研究。在大数据和人工智能技术的驱动下，互联网的内容采集、传播和推送呈现“智媒化”趋势，智媒平台迅速崛起成为最具影响力的内容生产分发渠道，其内容生产与用户规

---

① 许峰. 以大数据思维创新网络舆情管理［J］. 人民论坛，2018（27）：40-41.

② 王琳琳，齐南南，艾锋. 大数据时代网络舆情治理模式研究［J］. 中国电子科学研究院学报，2018，13（5）：502-505.

③ 张爱军，李圆. 大数据视域下网络舆情的治理困境及应对策略［J］. 山东科技大学学报（社会科学版），2019，21（5）：1-7.

④ 李净，谢霄男. 网络舆情治理中大数据技术的运用研究［J］. 东南传播，2020（3）：100-101.

⑤ 李文军. 大数据时代政府网络舆情治理结构研究［J］. 中国应急管理科学，2020（9）：48-55.

模日益庞大。[1] 张晓静（2016）[2] 认为大数据带来了互联网广告治理体系的根本性变革，利用数据资源开放和数据技术的应用，有助于互联网广告治理有效性的提升。公共治理理论中的多元共治、共享的理念在大数据的参与下成为可能。大数据时代的互联网广告治理体系将建立信息流通共享的合作网络体系，并实现互联网广告的协同治理与智慧治理。张樱馨（2020）[3] 认为随着互联网人工智能大数据时代的到来，网络内容服务产业已渗透至我国公民生活的各个领域，对已存在的产业结构产生了颠覆式的影响。另外，其针对当今网络内容违法违规的特点、原因及新时代网络执法的发展方向进行了探讨，对未来网络内容生态治理的趋势进行了预测。

第三种类型是基于大数据技术对互联网金融、保险等治理的研究。大数据应用对金融行业带来颠覆性的变革，从客户画像到精准营销，从风险管控到运营优化，几乎所有的业务环节都与大数据息息相关。屈秀伟（2015）[4] 以大数据在互联网金融的创新应用为切入点，重点探讨大数据在金融支付、理财、保险、信贷和征信业务等互联网金融模式的革新。申曙光和曾望峰（2018）[5] 在辨析大数据与国家治理、医保治理关系的基础上，分别从理论上对大数据在医保治理中的功能与价值，从实践上对大数据在医保治理中的应用方式与路径进行了探讨和分析，并进一步提出了大数据应用于医保治理的发展策略。周明祥（2019）[6] 认为构建基于大数据的互联网金融治理体系，构建"平台自控、行业自律、社会共治、政府监管四位一体"和"中央政府、地方政府、监管机构、司法部门、新闻媒体、评估机构、行业协会、互联网金融平台八方共治"是中国互联网金融体系主要的治理方式。

---

① 王威．大数据时代的互联网内容建设与治理［N］．中国社会科学报，（2018-05-17）．

② 张晓静．协同治理与智慧治理：大数据时代互联网广告的治理体系研究［J］．广告大观（理论版），2016（05）：4-9．

③ 张樱馨．大数据背景下中国互联网违法违规内容的治理与发展［J］．大数据时代，2020（1）：26-31．

④ 屈秀伟．基于大数据的互联网金融创新模式应用研究［D］．哈尔滨：黑龙江大学，2015．

⑤ 申曙光，曾望峰．互联网时代的大数据与医疗保险治理［J］．社会科学战线，2018（7）：224-232．

⑥ 周明祥．基于大数据的互联网金融治理体系构建研究［J］．商丘职业技术学院学报，2019，18（5）：44-46．

第三节　基于大数据的互联网治理的实现过程

随着人工智能、大数据等新技术的广泛应用以及数字经济、粉丝经济、知识付费等新商业模式的拓展，互联网的新技术、新模式、新业态持续涌现，网络内容服务形式丰富多样，导致了互联网上的数据和信息流量比以往更加复杂和庞大。通过微博、自媒体、短视频等平台，人们不但成为互联网内容的分享者，更成为互联网内容的创造者。

中国互联网络信息中心（CNNIC）发布的第47次《中国互联网络发展状况统计报告》显示：截至2020年12月，我国网民规模达9.89亿人，手机网民规模达9.86亿，互联网普及率达70.4%。其中，即时通信用户规模达9.81亿人，网络购物用户规模达7.82亿人，网络视频用户规模达9.27亿人，网络新闻用户规模达7.43亿人。庞大的受众市场使网络新闻平台将热点、搜索量摆在首位，盲目追求“短频快”的流量变现，篡改新闻标题、违规转载新闻、编造新闻博取流量等现象随着网络新闻信息服务的持续渗透而产生；粉丝量高的自媒体账号作为新闻信息服务行业繁荣的产物，也是内容违法违规的“重灾区”。①

大数据的应用已经渗透到各行各业，大数据技术为互联网治理带来了新的思维角度，将会充分激发数据对互联网发展的影响和推动作用。政府部门可以利用互联网积累的大数据更科学地制定政府的互联网监管政策，以此实现高效的互联网治理；互联网公司可以利用用户积累的大数据对互联网产品做出改进，从而更好地规范用户对互联网产品的使用；网民也可以利用政府或企业提供的大数据平台信息，从中找到对自身有用的互联网信息。正如桑尼尔·索雷斯在《大数据治理》中所写的：在大数据战略从顶层设计到底层实现的“落地”过程中，治理是基础，技术是承载，分析是手段，应用是目的。② 因此，互联网上积累的庞大数据量是互联网治理的基础，而大数据分析技术是互联网治理的手段，最终的目的是更好地治理和发展互联网。

---

① 张樱馨. 大数据背景下中国互联网违法违规内容的治理与发展［J］. 大数据时代，2020(1)：26-31.

② 索雷斯. 大数据治理［M］. 匡斌，译. 北京：清华大学出版社，2014.

基于大数据的互联网治理的实现过程，众多学者对此进行了深入研究。比如申曙光和曾望峰（2018）[①] 讨论了互联网时代大数据与医疗保险治理的关系，他们认为在互联网时代背景下，大数据在医疗保险治理领域中的应用前景十分广阔，在辨析大数据与国家治理、医保治理关系的基础上，他们分别从理论上对大数据在医保治理中的功能与价值，从实践上对大数据在医保治理中的应用方式与路径进行了探讨和分析，并进一步提出了大数据应用于医保治理的发展策略。徐学梅和唐钊（2019）[②] 分析了大数据时代个人信息保护与互联网广告治理之间的关系，认为互联网广告正在大肆违规利用个人信息，这不仅造成了对人格权利和隐私权利的侵犯，而且对个人的财产权利也造成了巨大的威胁。大数据时代，个人信息的保护愈加重要，为治理和规范互联网广告行业乱象，应以个人信息保护为基本导向，以维护不同主体之间的利益相对平衡为基本原则，通过在政府协调下的互联网广告行业自治，大力推动互联网广告的改革与规范。张樱馨（2020）[③] 认为随着互联网人工智能大数据时代的到来，网络内容服务产业已渗透至我国公民生活的各个领域，对已存在的产业结构产生了颠覆式的影响，因此，其对互联网内容违法违规现象的治理也带来了机遇与挑战。该文针对当今网络内容违法违规的特点、原因及新时代网络执法的发展方向进行了探讨，对未来网络内容生态治理的趋势进行了预测。

---

① 申曙光，曾望峰．互联网时代的大数据与医疗保险治理［J］．社会科学战线，2018（7）：224－232．

② 徐学梅，唐钊．大数据时代个人信息保护与互联网广告治理［J］．视听，2019（1）：204－205．

③ 张樱馨．大数据背景下中国互联网违法违规内容的治理与发展［J］．大数据时代，2020（1）：26－31．

第六章 基于大数据的互联网治理要素、模式与机制

本章在国内外文献探讨的基础上，提出以政府为主导、以互联网公司为引导、网民参与的三方协同治理模式。然后根据该模式构建大数据背景下互联网协同治理的机制，研究互联网协同治理各个参与主体之间的协同问题以及协同各方在何种条件下能够更有效地对互联网进行协同治理，以期为我国互联网协同治理提出有效的对策建议。

第一节　互联网协同治理体系的构成要素

一、研究背景

党的十八届三中全会提出创新社会治理机制，特别是要建立“党委领导、政府负责、群众参与、社会协同”的社会治理机制；党的十八大报告提出“加强网络社会管理”；党的十九大报告提出“建立网络综合治理体系”；“十三五”规划也要求“强化运营主体的社会责任”。2016 年 10 月 9 日，习近平总书记在主持中共中央政治局第三十六次集体学习时指出，随着互联网特别是移动互联网的发展，社会治理模式正从单纯的政府监管向更加注重社会协同治理的转变。同年 4 月 19 日在网络安全和信息化工作座谈会上，习近平总书记再次强调，“要提高网络综合治理能力，形成党委领导、政府管理、企业履责、社会监督、网民自律等多主体参与，经济、法律、技术等多种手段相结合的综合治网格局”。2017 年 1 月中共中央办公厅和国务院办公厅发布的《关于促进移动互联网健康有序发展的意见》中明确指出，在互联网治理的过程中要“扩大社会参与”，这说明我国充分认识到互联网治理主体协同的重要

性并将这一问题提上日程。

大数据也被称为海量数据，是指大量的信息，当数据量复杂到数据库系统无法在合理时间内进行储存、运算、处理，分析成能解读的信息时，就称为大数据。这些海量数据中有着有用的信息，如未知相关性、隐藏的模式、潜在市场趋势等，可能埋藏着前所未见的知识与应用等着被挖掘发现。在此背景下，运用大数据的思维和技术深度挖掘网络数据和舆情规律，创建互联网治理监管体系和治理方式，构建和谐、理性的网络公共空间，已成为推进国家治理体系现代化建设的重要途径。2015 年 8 月，国务院印发的《促进大数据发展行动纲要》明确了信息公开的步骤：2017 年底前，形成跨部门数据资源共享共用格局；2018 年，中央政府层面实现数据统一共享交换平台的全覆盖；2020 年底前，逐步实现信用、交通、医疗、就业、社保企业登记监管等民生保障服务相关领域的政府数据集向社会开放。

随着改革开放的不断推进，转型期的社会经济结构和价值观发生了快速变化，各种社会风险不断累积，网络内容在极大地丰富人们生活的同时，也引发了虚假信息、网络暴力、隐私泄露以及低俗恶俗信息等侵害个人和公众利益的问题。甚至在有些国家，互联网成为极端思想和恐怖信息传播的重要场域，还有些国家的社会治理或政治选举也受到网络内容的影响。传统的互联网治理模式和手段面临挑战，需要不断创新治理理念、加强网络综合治理。党的十八届三中全会中明确提出推进国家治理能力现代化的理论以及大数据技术应用的不断成熟，结合大数据搜索分析和处理的技术成为推进互联网治理现代化的有效技术路径。我国进入全面深化改革的发展阶段，在大数据的背景下，探讨互联网协同治理的模式和机制构建问题具有重要意义。

二、互联网协同治理体系的构成要素

现阶段，随着社会事务的复杂程度不断上升，既有的单一垂直管理的互联网治理模式已难以适应新形势的变化，互联网天然的网络化效应，联网的各个主体已经形成一个较为稳定的利益共同体，互联网发展需要所有网络用户的共同推动，需要发挥多元参与主体的合力，才能对互联网进行有效治理。互联网治理问题的产生，并非单个主体的原因，所有网络节点、联网用户都有责任贡献自己的力量，来解决由此产生的问题。互联网治理需要政府、互联网企业、技术社群、社会组织、公民个人等各主体的全力协作，构建网络空间命运共同体。① 互联网协同治理体系的构成要素主要包括以下几个方面：

1. 政府。政府作为社会管理机关，其概念一般有广义和狭义之分，广义的政府是指国家的立法机关、行政机关和司法机关等公共机关的总和，代表着社会的公共权力。狭义的政府则是指国家权力的执行机关，即国家行政机关。因此，政府作为社会公共权益的代言人以及公共权力执行者有责任和义务为公众营造一个良好的网络环境。② 在众多治理主体中，政府是最具话语权、公信力最高、拥有权力最多的行动主体，大数据时代的互联网治理呈现更加复杂化、多元化的趋势，政府以强大的公权力为支撑，具有权威性、强制性、合法性等特征，并且政府掌握着大部分的信息资源，有能力充分整合调动各种社会力量和资源，及时全面地关注到网络社会中出现的各种负面问题，并对政府网络社会治理的公共政策做必要的调整和完善。③ 政府的管理者角色主要体现在：第一，通过强化制度建设来实现网络信息内容管理的目标。第二，运用行政手段或力量开展对网络信息内容的"突击式""专项式""运动式"治理。第三，通过政府管理创新来扩大政府对网络信息内容管理的影响力，提升网络信息内容治理效能。④ 2017 年，随着《网络安全法》的正式实施，网络内容治理方面的执法和执法检查工作相继展开并渐成常态。网信、工信、公安是网络内容执法的主体，涉及网络视听服务的主要由新组建的国家广播电视总局执行，与此同时，工商、文化等 12 个涉网部门也参与到工作协调机制中。执法实践中，国家、省、市三级执法体系的分工逐渐明确。⑤

2. 互联网公司。习近平总书记强调："增强互联网企业使命感、责任感，共同促进互联网持续健康发展。"我国经济已转向高质量发展阶段，虚拟经济、共享经济、数字经济成为新的具有强劲动力的经济增长点。和传统企业、传统行业相比，科技是互联网企业最大的优势，也是其手段和方法论。在此

---

① 张建军. 构建网络空间命运共同体，应对全球互联网发展新挑战 [EB/OL]. (2019-10-22) [2021-07-08]. http://theory.people.com.cn/n1/2019/1022/c40531-31412824.html.

② 展菲菲. 协同治理视角下网络暴力治理研究 [D]. 曲阜：曲阜师范大学，2019.

③ 杨晶鸿. 大数据影响下的网络社会治理框架构建及路径优化研究 [D]. 南京：南京工业大学，2019.

④ 周毅. 试论网络信息内容治理主体构成及其行动转型 [J]. 电子政务，2020，216 (12)：41-51.

⑤ 田丽. 互联网内容治理新趋势 [J]. 新闻爱好者，2018 (7)：9-11.

背景下，互联网公司，作为互联网行业的经营者和管理者，拥有大量的互联网资源，广泛采集了大量网民的个人信息和网络行为趋势，在互联网技术方面掌握主导优势。比如，海量的出行数据为交通改善做出了贡献，以滴滴为代表的网约车平台，不但为数以亿计的乘客提供出行服务，也存储了海量的出行数据，并挖掘数据背后的价值，用于改善交通，提供优化解决方案。在某些城市，滴滴和交通部门合作，合理优化了一些路口的红绿灯设置，这一措施让其城市中心的拥堵程度下降 20%。① 互联网企业对于互联网的控制和约束主要是通过技术手段和自律方式进行，如实行互联网实名制管理、建立互联网违法"黑名单"、积极履行互联网行业自律公约、通过设计互联网"规则"来促进网民的自治等。在大数据时代，个人信息数据成为企业的核心资产，也是企业间进行市场竞争的关键要素之一，容易导致互联网乱象的产生，这要求企业在着重发展经济效益的同时，也应该担负起保护公民隐私安全、维护网络社会健康运行的公共责任。②

3. 网民。在互联网治理的进程中，网民是最直接的参与主体。我国是全世界拥有上网人数最多的网络大国，截至 2020 年 12 月，我国网民规模达 9.89 亿人，互联网普及率达 70.4%，人均每周上网时长为 26.2 个小时。③ 拥有如此庞大数量的网民群体和惊人的上网时长，网络上每天都会产生大量的数据和信息内容，这些数据和信息也汇聚成大数据的形式，因此网民在互联网治理过程中的作用是无可比拟的，它的主要表现就是网民把网络信息内容的消费与生产融为一体，即在消费网络内容的同时，把自己的意见加入或融入既有内容中，构成了他人消费的内容。评论、转发、弹幕、跟帖等都是网民参与表达的主要形式。如果网民在网络内容的生产与消费的过程中能控制住自己的行为，增强自律意识，健康有序地使用网络，文明上网，不触犯法律和道德的红线，那么互联网治理的难度将会大大降低。另外，互联网构建了网民参与互联网治理的机制，重塑了网民参与的主体地位。充分的公众利益诉求表达，是政府决策的重要基础。政府要为网民提供表达民意、沟通协

---

① 田丽. 互联网内容治理新趋势［J］. 新闻爱好者，2018（7）：9-11.

② 杨晶鸿. 大数据影响下的网络社会治理框架构建及路径优化研究［D］. 南京：南京工业大学，2019.

③ 中国互联网络信息中心. 第 47 次中国互联网络发展状况统计报告［R/OL］.（2021-02-10）［2021-07-08］. http://www.cnnic.net.cn/hlwfzyj/hlwxzbg/hlwtjbg/202102/t20210203_71361.htm.

商、合作共治的网络渠道和平台，对社会公众及时、准确地回应，满足公民网络参政、议政、督政的利益诉求。

4. 行业协会和相关企业。各国互联网行业协会都是行业内企业和组织根据共同需求自愿组织起来的，发挥着业内的自我协调功能，是政府法律规范和行政管理的有效补充。包括网络提供商、接入服务商、内容提供商、应用服务提供商和电子商务服务商等在内的互联网相关企业也是互联网治理主体的重要组成部分。这些企业通过技术手段和自律方式对互联网进行控制和约束。①

第二节　基于大数据的互联网治理模式与机制

一、互联网治理模式的选择

互联网的全球普及与商业应用，在给全球带来巨大经济与社会利益的同时，亦引发诸多亟须解决的社会问题与全球问题，如互联网安全、网络隐私保护、网络主权等，互联网治理问题由此诞生。从早期由政府主导治理的互联网模式、基于技术的治理模式到多利益攸关方治理模式的转变，世界各国一直都在寻找合适的互联网治理模式。当前，互联网治理模式可以分为以下几种：

1. 政府主导型。这种模式主要是由政府通过制定相应的互联网法律法规、政策等形式去监管互联网的发展。政府作为单一的领导者，在互联网治理的过程中负有完全的责任，从互联网监管部门的设立、网络权限的审批到相关法律法规的制定，政府都具有重要的领导责任，政府行使的是互联网治理的行政管理职能。在早期互联网的发展中，主要是由政府监管互联网，并出台了相应的政策法规，比如从 1994 年开始，中国颁布了一系列与互联网治理相关的法律法规，开始针对互联网的各种不法行为进行规范和约束，总体上来看，在这一阶段属于政府主导型的互联网治理模式。

2. 技术主导型。互联网作为人类社会一种新技术的代表，对其的治理也是一种技术性的治理过程。尤其是随着大数据、云计算、区块链等网络新技术的进步和发展，结合最新的网络技术对互联网进行技术治理变得越来越重

① 金蕊. 中外互联网治理模式研究［D］. 上海：华东政法大学，2016.

要。互联网治理需要重视技术、发展技术。网络核心技术是国之重器，承载着国家信息基础设施的安全，是网络安全治理的物质前提和基础保障，因此通过技术主导对互联网治理也是一条必经之路。

3. 多元共治型。由于互联网的用户规模庞大，并且使用互联网的用户之间没有边界，因此互联网治理仅仅依赖政府治理或者技术治理是远远不够的，需要整合各方力量去综合治理互联网。用户基数庞大的网民、私营企业、政府、社会组织等各部门需要通力协作，通过大数据、云计算等先进技术，共同治理和维护互联网。比如，近年来我国平台经济快速发展，在经济社会发展全局中的地位和作用日益凸显，但是一些平台企业发展不规范、存在风险，平台经济发展不充分、存在短板，监管体制不适应的问题也较为突出。互联网作为一个虚拟的平台，与实体经济相比，其监管的难度和复杂性更大，因此，需要政府监管部门建立健全平台经济治理体系，加强规范和监管，明确平台的责任，维护公众利益和社会稳定。同时，平台经济企业也需要有自身的责任，做好平台监管的工作，充分利用精准大数据有效定位，利用云计算技术构建监管的基础框架，通过政府、企业、网民相互之间的联动和监管，多方协同治理互联网。

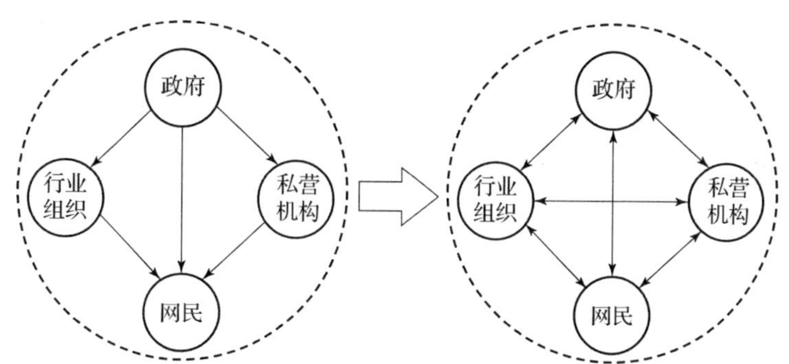

图 6.1　互联网治理由政府管控到多主体协同的各主体关系变化

（资料来源：张伟和金蕊的《中外互联网治理模式的演化路径》）

张伟和金蕊（2016）[①] 提出了多主体协同的互联网治理模式。在互联网治理过程中，政府只是作为治理的主体之一，它与其他互联网治理主体一起

---

① 张伟，金蕊. 中外互联网治理模式的演化路径［J］. 南京邮电大学学报（社会科学版），2016，18（4）：14-20.

加入互联网公共政策或相关规则的制定过程之中，因此，政府的角色是嵌入互联网治理之中的，如图 6.1 所示。从图 6.1 中可以看出，在互联网治理的过程中，政府、私营机构、行业组织和网民之间是相互影响和作用的，他们相互合作，共同参与互联网治理。本研究认为我国的互联网治理采用这一种模式是适合的。

二、基于大数据的互联网协同治理模式

互联网协同治理的主体包括政府、互联网公司、网民等。习近平总书记在 2016 年 4 月召开的网络安全和信息化工作座谈会上发表重要讲话，指出网络安全为人民，网络安全靠人民，维护网络安全是全社会的共同责任，需要政府、企业、社会组织、广大网民共同参与，共筑网络安全防线。在进行互联网治理时，政府作为主要的监管者和领导者，有必要对政务公开工作作出具体部署，通过征求意见、听证座谈、咨询协商、列席会议等方式扩大公众参与。探索公众参与新模式，不断拓展政府网站的民意征集、网民留言办理等互动功能，积极利用新媒体搭建公众参与新平台。而互联网公司和网民作为重要的主体，也应各自发挥其独特的作用。互联网公司应积极协助监管部门执法，打击网络犯罪，依法清理各类有害信息，发现违法行为及时上报相关部门，成为互联网治理体系的重要建设者和支撑者。在新兴的网络社会，网民作为信息的生产者和消费者，有营造安全、可靠的网络环境的义务，因此网民可积极参与网络综合治理，共同维护清朗的网络空间。

互联网治理模式指的是互联网治理的主体通过特定的互联网治理途径（包括原则、方法等）对互联网治理客体进行规范而形成的一套相对稳定的治理体系。[①] 本节借鉴分析政府、产业和大学之间关系的三螺旋理论（Leydesdorff，1995）[②]，在大数据技术背景下，提出以政府为主导、网民和互联网公司参与的互联网三方协同治理模式。然后根据该模式研究互联网协同治理三主体的行为，构建互联网协同治理的机制，研究互联网治理各个参与主体之间的协同问题以及协同各方在何种条件下能够更有效地协同治理，以期为新

---

① 金蕊. 中外互联网治理模式研究［D］. 上海：华东政法大学，2016.

② Leydesdorff L. The Triple Helix—University-Industry-Government Relations：A Laboratory for Knowledge-Based Economic Development［J］. Glycoconjugate Journal，1995，14（1）：14-19.

时代的我国互联网协同治理体系和治理能力现代化提出有效的政策建议。本节构建的互联网协同治理的模式如图 6. 2 所示。

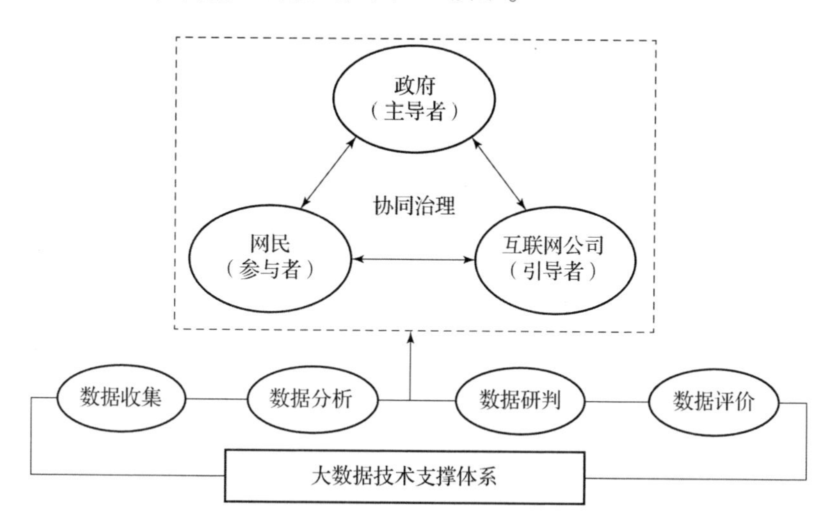

图 6. 2 “政府、网民、互联网公司”三方协同治理的模式

三、基于大数据的互联网协同治理机制

根据上述构建的大数据背景下政府、网民和互联网公司三方参与的互联网协同治理模式，本书试图建立互联网协同治理的机制，如图 6. 3 所示。互联网协同治理的生命周期可以分为如下几个阶段：①萌芽期，主要是指在互联网上可能有风险因素，如网络暴力、色情、诈骗等非法信息的出现。②成长期：在互联网风险因素出现之后，快速地在网络上传播扩散。比如通过网民在网上发帖或者转发，该非法信息迅速扩散和传播。③升级期：非法信息通过传播之后，影响范围较大，导致了互联网事故的发生。比如非法信息通过网民的传播，迅速在网络上发酵，导致了互联网重大事故。④稳定期：由于该互联网事故的影响，导致了现实生活中人们产生恐慌心理，政府或者相关部门需要出面做好善后处理工作，消除网络上的非法信息和负面影响。

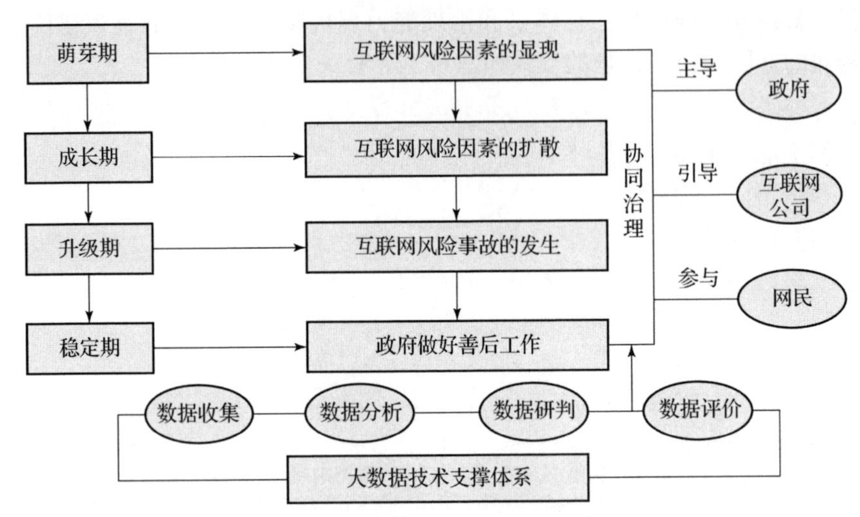

图 6.3　基于大数据的互联网协同治理机制

在互联网协同治理生命周期的四个阶段，网民作为互联网事件最直接的参与者，对互联网风险事件有直接的责任；互联网公司作为引导者，对互联网事件有提前预警和控制的引导机制作用；而政府作为主导者，对整个互联网事件的发生具有监管责任。大数据技术由于汇集了海量的数据，可以以大数据技术作为支撑，对涉及互联网协同治理的相关数据进行收集、分析、研判和评价，对整个互联网协同治理生命周期进行全局掌控，起到事先预警和事中应急处理以及事后恢复的作用。

四、互联网协同治理的对策建议

1. 利用大数据技术作为互联网协同治理的技术支撑。大数据是海量数据的集合，互联网协同治理的预警平台由于汇集了海量的数据集，互联网治理专家可以利用相关技术去研究分析这些互联网大数据，为今后潜在的互联网风险因素做好预案措施。即使互联网突发事件已经发生，也能利用相关数据对这些互联网事件的数据进行分析和研判，以达到控制互联网事件扩散的目的。

2. 构建政府、互联网公司、网民三方协同参与的互联网协同治理模式。在网络普及的今天，互联网治理已成为社会治理的一项重要表现形式，构建政府、网民和互联网公司三方参与的互联网协同治理模式，有助于多方联动构建良好的互联网环境，达到有效治理和净化网络空间的目的。

3. 构建互联网协同治理的预警机制。当前我国的社会矛盾问题日益突出，互联网上的一个突发负面事件可能会演化成重大的互联网事件，因此需要构建互联网协同治理的预警机制。当前互联网协同治理的预警技术手段相对滞后，面对日益发展的互联网工程和纷繁复杂的网络环境，先进的网络技术已成为互联网治理的必要条件。然而，一些地方政府在互联网信息的监测、预警和网络信息安全等领域的技术创新、研发以及应用等方面较为滞后，相关部门受技术条件限制，监测内容存在一定的局限性。因此，有必要建立相对完善和先进的互联网协同治理的预警机制。

4. 建立完善的互联网监管法律法规约束网民的行为。由于在互联网协同治理的成长期，主要是互联网上众多的网民转发相关负面消息或非法信息所致，因此政府层面有必要建立完善的互联网监管法律法规，约束网民在互联网上的相关行为，如出台相关约束网民对于虚假、不实信息进行传播的法律法规，对网络谣言等不良信息严格限制，等等。目前政府已经出台了一些相关的法律法规，对传播虚假、不实信息的网民进行相应的行政处罚。

5. 构建互联网协同治理的恢复机制。对已经发生的互联网重大事故，政府等相关职能部门应做好相关的善后处理工作，恢复广大网民和群众的信心。当互联网事故得到有效控制后，应完善互联网治理的善后恢复机制，消除衍生风险因素可能引发的新的不良影响。在整个互联网事件的过程中，政府要及时更新事故处置进展，在善后恢复阶段对整个事件的应对过程进行评估，及时发布事后处置结果和措施，广泛征集公众意见。

第三部分　基于大数据的互联网治理案例研究

网络作为一个相对自由和开放的空间，成了热衷于抨击时政弊端和社会丑恶现象的网民聚集地。许多网民经常在网络上对一些社会现象进行热烈讨论或激烈辩论，并会经常在网上曝光一些所谓“黑幕”和所谓“丑闻”。这导致一些现实的社会问题和社会矛盾不断通过网络迸发出来。突发事件的频繁发生构成了网络公共空间治理这一大重要举措，对我国社会舆论与公共政策产生了重要影响。本部分通过几个互联网突发事件案例，结合多智能体建模、网络关注度分析、模拟仿真等多种研究方法，为我国的互联网治理事业提供参考。

第七章

基于多智能体建模的突发公共事件网络舆情协同治理研究

本章提出以政府、网民、互联网公司为主体的突发公共事件网络舆情协同治理模式，并基于多智能体建模的方法进行仿真模拟，分析影响互联网公司协同治理行为的因素。最后根据研究结论在政府、网民、互联网公司三个方面分别给出提升突发公共事件网络舆情协同治理能力的建议。

第一节　突发公共事件网络舆情协同治理模式

作为社会舆论的一种表现形式，网络舆情蕴含着当代中国社会公众的情感诉求、意见表达和行为倾向，并对社会秩序和公共组织形象产生重要影响。从非法经营疫苗案、魏则西事件引发社会的强烈关注可以看出，互联网已成为社会各阶层情感宣泄、思想碰撞的重要舆论场合，社会公共事务和公共利益诉求已成为网络舆情的重要议题。而突发公共事件网络舆情更是会引发一系列的社会问题，因此如何对突发公共事件网络舆情进行治理，是当前的一个重要问题。

突发公共事件网络舆情协同治理的主体包括政府、网民、互联网公司等。在进行互联网治理时，虽然政府是主要的监管者和领导者，但网民和互联网公司的参与也必不可少。随着改革开放的持续推进，转型期的社会经济结构与价值观念发生急速变化，随之所产生的各类社会风险不断累积，我国进入突发事件高发频发时期。网络舆情治理效果关系到能否利用网络强大的传播力量牢牢掌握意识形态领域的主导权，对维护社会稳定，保证国家安全具有显著的意义。基于网络舆情治理的现状，建立协同治理的模式成为应对突发事件网络舆情治理难题的一种新思路。

本书借鉴分析政府、产业和大学之间关系的三螺旋理论（Leydesdorff，1995）[1]，提出以政府为主导、网民和互联网公司参与的三方治理模式。然后根据该模式研究突发公共事件网络舆情协同治理三主体的行为，构建多智能体模型并进行仿真模拟与实现，研究对象为突发公共事件网络舆情协同治理各个参与主体之间的协同问题以及协同各方在何种条件下能够更有效地协同治理，以期为突发公共事件网络舆情协同治理体系和机制提出有效的对策建议。

第二节　仿真模型的构建与分析

多智能体系统 MAS（Multi-Agent System）作为一个理论性框架，由多个 Agent 构成，Agent 的结构越复杂，对应的 MAS 越紧凑。单个 Agent 可以实现对科技协同治理智能行为的有效模拟，相当于一个具有独立功能与任务的子系统，所以 MAS 可以理解为完成复杂分布任务而组成的交互社会团体。[2] 在 MAS 系统运转过程中，Agent 之间存在一定的交互联系，众多联系在此时构成了链系统，最终实现全局目标的达成。除此之外，MAS 能够连接多个任务，从而形成差异化的结构形式。随着多智能体应用领域的扩展，其智能化水平越来越高，在多个领域中都有着广泛的应用。通过建立多智能体模型对突发公共事件网络舆情协同治理行为进行仿真模拟，可以得到一个科学客观的判断，并且基于智能体作用的机理，可以作为突发公共事件网络舆情治理政府决策的重要理论依据。

本书将基于多智能体的“政府、网民、互联网公司”三方协同治理的仿真模型进行仿真实验，它是运用多智能体（Muti-Agent）建模思想，基于 Swarm for Java 的仿真架构，将协同治理行为视作复杂适应系统，以协同治理度为输出建立的一个仿真模型，其总体结构见图 7.1。采用多智能体模拟突发公共事件网络舆情协同治理各主体的治理行为，符合突发公共事件网络舆情

---

① Leydesdorff L. The Triple Helix—University-Industry-Government Relations：A Laboratory for Knowledge-Based Economic Development［J］. Glycoconjugate Journal，1995，14（1）：14-19.

② 刘佳，陈增强，刘忠信. 多智能体系统及其协同控制研究进展［J］. 智能系统学报，2010，5（1）：1-9.

协同治理中网民和互联网公司众多、行为自主、个体具有差异等特征，能够较好地实现模拟结果。

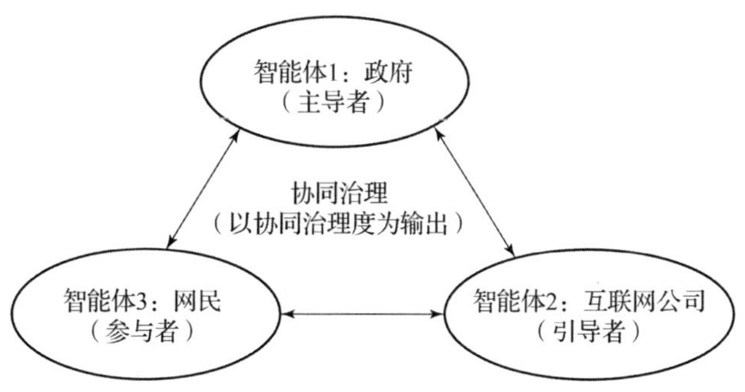

图 7.1　“政府、网民、互联网公司”三方协同治理的模式

一、环境设定

网民在参与突发公共事件网络舆情协同治理活动时，其行为不仅受到自身特征的影响，如各个网民的学历层次、所属的背景不同等，还会受到政府和互联网公司的特征的影响。同时为了简化模型便于做实证分析，本节将突发公共事件网络舆情协同治理的主体限定为政府、网民、互联网公司。政府主要指对整个社会协同治理有要求，发布协同治理政策，对互联网公司、网民的协同治理活动有一定管理职能的行政部门。政府的特征假设为对协同治理活动的支持度、监管力度、政策回应度；网民指的是具有协同治理行为的利用互联网上网的人，网民的特征设定为对协同治理活动的重视程度、网民所处的治理的环境；互联网公司主要指相关高新技术互联网公司，并存在协同治理需求。

二、智能体的属性

系统中包含多个互联网公司智能主体，互联网公司本身的属性有很多，如互联网公司所属行业、互联网公司研发支出所占比例、互联网公司规模、互联网公司社会责任等。本节除了选择互联网公司所属行业、互联网公司研发支出（R&D）所占比例、互联网公司规模作为互联网公司的基本属性之外，同时还选择治理贡献这一属性对各个互联网公司进行描述。

首次进行仿真时，先不考虑治理贡献属性，此时互联网公司具有三个特征，对上述属性的分值如下：基础性行业为3分，一般生产加工行业为2分，商贸服务及其他行业为1分；互联网公司研发支出（R&D）所占比例高为3分，互联网公司研发支出（R&D）所占比例中等为2分，互联网公司研发支出（R&D）所占比例低为1分；互联网公司规模大为3分，互联网公司规模中等为2分，互联网公司规模小为1分。每个属性特征按照不同的数值可能会有27种类别。

三、智能体的规则

互联网公司的治理行为受其本身的属性特征（互联网公司所属行业、互联网公司研发支出所占比例、互联网公司规模）、治理环境（政府、互联网公司）的影响，但同时，互联网公司的治理行为也会对政府和网民有影响。互联网公司的主体治理行为主要包括：当前互联网公司参与协同治理活动的形式主要是通过自身的科技研发治理或者与政府、网民等合作的合作治理形式，参照互联网公司的治理行为可以分为两种情形：主动参与协同治理、被动参与协同治理。

本书将政府对协同治理活动的支持度解释为当网民、互联网公司进行协同治理活动时政府的支持力度。政府的支持力度是指政府对网民和互联网公司进行协同治理活动的相关政策、资金、人才等方面给予的支持。研究发现政府在政策、资金、人才等方面给予网民和互联网公司的支持力度越大，网民和互联网公司的协同治理行为就越多。目前政府对协同治理的支持力度越来越大。政府的监管力度是政府的影响力与号召力，它是政府行政能力的客观结果，具体来说，体现了政府对协同治理活动的服务程度和法律法规等方面的建设程度。政府的政策回应度指的是政策实施后满足互联网公司、网民协同治理需求的程度。如果互联网公司、网民的政策回应度较好，即政府在实施协同治理政策后能够提高互联网公司、网民对协同治理需求的程度，则互联网公司、网民也会有更加主动的协同治理行为。

在后续的仿真过程中，按照以下规则运行：由于互联网公司所属行业的差异，基础性行业更容易产出协同治理的成果，其次是一般生产加工行业，而商贸服务及其他行业的协同治理程度相对较少。互联网公司研发支出（R&D）所占比例高的互联网公司相较于研发支出所占比例低的互联网公司，协同治理程度要高一些。互联网公司规模越大，协同治理活动可能就越多。

第三节　仿真运行结果

本书采用 NetLogo 仿真平台实现突发公共事件网络舆情协同治理的仿真过程。NetLogo 是一个用来对自然和社会现象进行仿真的可编程建模环境。本书采用 BA 无标度网络模型构造算法进行仿真。Albert-László Barabási 和 Réka Albert 为了解释幂律的产生机制，提出了无标度网络模型（BA 模型）。[①] BA 模型具有两个特性，其一是增长性，即网络规模是在不断增大的，在研究的网络当中，网络的节点是不断增加的；其二就是优先连接机制，这个特性是指网络当中不断产生的新的节点更倾向于和那些连接度较大的节点相连接。BA 模型可以用来解释互联网公司协同治理的特征，即互联网公司进行协同治理的行为特征是随着政府、网民的属性特征而变化的，并影响其他互联网公司。

一、政府特征的仿真结果

随机选择一个互联网公司作为起始点，根据政府、网民以及互联网公司自身的属性特征作出是否积极参与协同治理行为的决定，并影响其周边的互联网公司。初步设定 1 个政府、网民 1000 个、互联网公司有 100 家，并且暂时不考虑互联网公司的治理贡献因素。按照这样的顺序进行分析：第一阶段给定政府和网民的属性值，观察在此条件下互联网公司对协同治理活动的参与情况，互联网公司按照其不同的属性选择主动参与、被动参与；第二阶段，部分互联网公司在上一阶段的基础上继续自身的治理行为策略，该阶段调整的依据包括：自身属性确定的选择积极参与协同治理的概率和目前互联网公司支持协同治理的比率，如果积极参与协同治理的概率大于支持协同治理的比率，那么互联网公司将选择主动协同治理，反之，则选择被动协同治理。政府对协同治理的支持度、监管力度、政策回应度对互联网公司和网民都有影响，但三者的影响不同。

政府对协同治理的支持度提升后，互联网公司对于协同治理活动参与的主动性更高，在较短时间内增加更多的互联网公司参与协同治理，并且在一

---

① 刘浩广，蔡绍洪，张玉强．无标度网络模型研究进展［J］．大学物理，2008，27（4）：43-47.

个阶段以后就会保持较高比例的主动参与协同治理的情况维持不变，而被动参与协同治理的互联网公司则保持在一个较低的比例，如图 7.2 所示（横轴表示时间［小时］，纵轴表示参与治理的比率，从中可以看出随着时间的推移，互联网公司参与治理比率的变化趋势）。

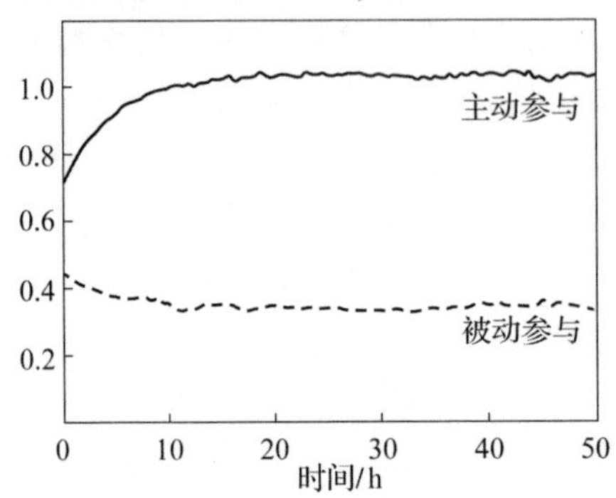

图 7.2　政府的支持度提高后，互联网公司参与治理的状态

当政府的监管力度提升时，虽然互联网公司积极参与协同治理的状态改变不会太大，在某些情况下，监管力度的增加会导致互联网公司参与协同治理活动的比率降低，主动参与和被动参与的互联网公司的比率都会逐渐降低。如图 7.3 所示；当政府的监管力度降低时，主动参与协同治理的互联网公司数量增加较慢，且保持在一个相对稳定的比率，而被动参与协同治理的互联网公司数量则呈现出明显的上升趋势。

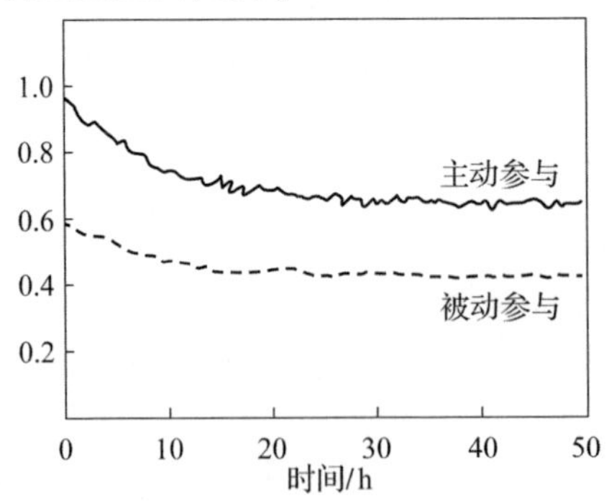

图 7.3　政府的监管力度提高后，互联网公司参与治理的状态

当政府的政策回应度提升后，虽然互联网公司被动参与协同治理的比例有所降低，但是主动参与协同治理的互联网公司的比率缓慢地增长并维持不变，因此政府的政策回应度对互联网公司参与协同治理的影响不大，如图 7.4 所示。

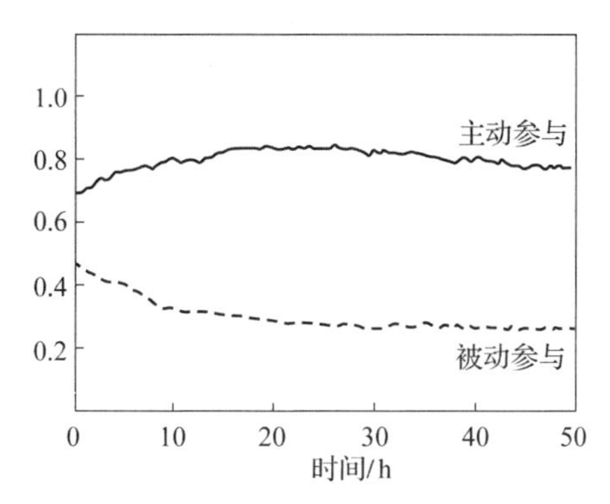

图 7.4　政府的政策回应度提升后，互联网公司参与治理的状态

二、网民特征的仿真结果

通过对网民的属性进行改变并进一步地仿真，能够发现当限定政府的属性不变，提高网民对协同治理活动的重视程度和降低网民所处的治理环境的情况相类似，总体上互联网公司参与协同治理的数量越多，特别是互联网公司被动参与协同治理的比例会有明显上升，如图 7.5 所示；而网民对协同治理活动的重视程度降低和网民所处的治理环境提高的情况相类似，互联网公司参与协同治理的比率会随着时间的推移逐渐降低，特别是被动参与协同治理的互联网公司数量会明显减少。

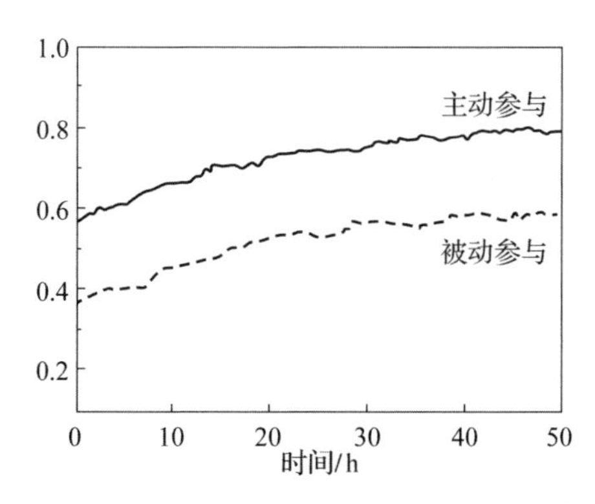

图 7.5　网民的治理活动重视程度提升后，互联网公司参与治理的状态

第四节　总结与建议

本章基于多智能体建模方法对网络舆情协同治理中的互联网公司治理行为进行了仿真，网络舆情协同治理的过程中，首先得到了政府对协同治理活动的支持度、监管力度、政策回应度，而网民对协同治理活动的重视程度、网民所处的治理环境等属性变化对互联网公司协同治理行为都有影响，这两方面的提升都有利于互联网公司协同治理行为的理性化。根据上述研究结论，我们认为在目前的突发公共事件网络舆情协同治理条件下，可以在以下三个方面提升政府、互联网公司、网民的突发公共事件协同治理能力。

1. 加强突发公共事件协同治理政府层面的监管措施。政府作为突发公共事件网络舆情协同治理中的主要领导者，对突发公共事件网络舆情的监管、控制以及网民和互联网的引导都具有重要的作用，因此需要完善政府对突发公共事件协同治理监管措施的制定，以及出台相关法律法规去有效监管突发公共事件的网络舆情。

2. 强化网民协同治理投入机制，提升网民对协同治理的动力。网民作为网络上最重要的参与者，数量庞大，也是突发公共事件网络舆情的参与者，因此网民是否积极地参与突发公共事件网络舆情的协同治理至关重要。

3. 鼓励互联网公司积极参与治理。互联网公司是与网络直接有关联的力量，因此如何引导互联网公司积极地参与互联网治理，并让互联网公司配合政府对网民进行监管和引导非常重要。

第八章 基于大数据的突发公共事件网络关注度研究——以新冠肺炎疫情为例

本章以新型冠状病毒肺炎疫情为例，基于百度大数据平台对突发公共事件网络关注度进行分析，试图找出人们在互联网上对新型冠状病毒肺炎的关注趋势，从而为突发公共事件网络舆情的治理提供帮助。

第一节　研究背景

2019 年末，一种被命名为新型冠状病毒（2019－nCoV）的呼吸系统疾病，在短时间内便出现了此病毒的感染者，截至 2020 年 4 月 15 日，我国 31 个省、区、市（不含港、澳、台）累计确诊患者 82341 例，死亡 3342 例。[①] 新型冠状病毒肺炎疫情的相关信息在互联网上迅速传播和扩散，经过微信公众号、微博等社交媒体平台的发布和转发，网络舆情肆起。在我国的及时防控下，也在无数专家与医疗工作者的治疗下，绝大部分患者，包括重症及危重症患者，经过各种氧疗、对症治疗和免疫调节治疗以后，均已无恙。

新型冠状病毒肺炎疫情就是属于一种重大的公共突发事件，在互联网上引起了众多网民的关注，人们通过微博、微信等社交媒体传播了大量有关疫情的信息，其中还混杂了不少谣言和虚假信息。大多数网民利用社交媒体转发各种有关疫情的信息，并时刻关注着疫情的传播和患者的增加情况，疫情信息的传播增加了人们对突发公共事件的关注。因此，本章以新型冠状病毒肺炎疫情为例，基于大数据平台对突发公共事件网络舆情进行分析，试图找

① 国家卫健委：4 月 15 日新增确诊病例 46 例 其中境外输入 34 例 新增无症状感染者 64 例 [EB/OL].（2020－04－16）[2021－07－08]. http://www.xinhuanet.com/2020－04/16/c_1125863251.htm.

出人们在网络上对新型冠状病毒肺炎疫情的关注趋势，从而为突发公共事件网络舆情的治理提供帮助。

第二节　新型冠状病毒肺炎疫情的网络舆情研究设计

一、数据来源

网络舆情是以网络言论为基础，通过网络使用者在各类新闻评论网站、论坛、社交媒体等互动式网络媒体中传递信息，通过网民的评论、转发、浏览等行为凝聚人气。[①] 然而并非所有的网络言论都能发展成为网络舆情，舆情必须经历一个生命周期，包括网络舆情发展阶段、网络舆情爆发阶段及舆情平稳消退阶段等多个阶段。[②] 对新型冠状病毒肺炎疫情的网络舆情信息传播媒介可以分为三类，本节主要基于这三类网络舆情信息传播媒介，对新型冠状病毒肺炎疫情的网络舆情进行分析。

第一类是网络新闻媒体，包括各类新闻类网站、医学相关新闻媒体、政府新闻网站等。本节以主流的新闻媒体网站为例，设计相关检索词，对新型冠状病毒肺炎疫情在网络新闻媒体中收录的新闻信息数量进行统计和比较，从中可以发现新型冠状病毒肺炎疫情在网络新闻媒体中的舆情信息。

第二类是网络社交媒体，如博客、微博、论坛、讨论组等。本节分别以博客、微博和论坛等网络社交媒体为例，设计相关检索词，查询新型冠状病毒肺炎疫情在网络社交媒体中被记录或讨论的信息数量，从中可以得到新型冠状病毒肺炎疫情在网络社交媒体中的舆情信息。

第三类是搜索引擎网站自身积累的大数据信息，如Google、百度等主流搜索引擎积累的用户搜索数据。百度作为我国最大的搜索引擎网站，占据了国内大部分搜索引擎的市场份额，也是我国网民进行信息查询的主要渠道。本节主要以百度大数据平台积累的用户搜索海量数据为例，利用百度指数作为研究工具，对新型冠状病毒肺炎疫情的相关检索词的网络搜索情况进行研

---

① 李昌祖，张洪生. 网络舆情的概念解析［J］. 现代传播，2010（9）：139-140.

② 许鑫，章成志，李雯静. 国内网络舆情研究的回顾与展望［J］. 情报理论与实践，2009（3）：119-124.

究分析，从中找出新型冠状病毒肺炎疫情的网络搜索的舆情信息。[①]

二、研究方法

（1）检索词设计。研究新型冠状病毒肺炎疫情的舆情信息，需要考虑新型冠状病毒肺炎疫情在网络媒体上的传播效果或关注度。因此可以选择一些主流新闻媒体、报刊、网站中出现的关键词信息作为本研究的检索词，因为设计新型冠状病毒肺炎疫情的相关检索词至关重要。本研究主要以肺炎疫情、新型冠状病毒、肺炎、疑似病例、新增病例、治愈率、口罩、居家隔离、核酸检测等几个与日常新闻中收录或者在网络社交媒体中经常被讨论的关键词作为本研究的检索词。

（2）网络新闻媒体舆情分析。一般的网络新闻网站均提供了新闻搜索引擎，可以通过这些新闻搜索引擎，统计出新型冠状病毒肺炎疫情的相关检索词在主流新闻网站中被收录的新闻信息数量。本研究以百度新闻、新浪新闻、搜狐新闻、网易新闻为例进行研究，这些新闻网站基本上涵盖了目前主流的中文新闻网站，并且均提供了新闻搜索引擎，便于统计和分析相关检索词。

（3）网络社交媒体舆情分析。本研究选择目前被广泛使用的博客平台——新浪博客和微博平台——新浪微博，我国知名的医学学术交流平台丁香园，以及我国最大的中文互动问答平台百度知道作为研究新型冠状病毒肺炎疫情舆情信息的网络社交媒体平台。新浪搜索提供了新浪博客和微博的搜索功能，丁香园及百度知道也可以通过搜索任意的检索词找到相关的信息，可以通过这些网络社交媒体统计出新型冠状病毒肺炎疫情的相关舆情信息。

（4）网络搜索舆情分析。在我国的网络搜索平台中，百度占据了最大的份额，并且百度自身提供了百度指数这一搜索趋势分析工具，因此可以通过百度指数统计出网民在网络上对新型冠状病毒肺炎疫情相关检索词的搜索量等数据信息，根据这些信息，可以统计出新型冠状病毒肺炎疫情网络搜索的舆情信息。

---

① 尹楠. CSSCI 与中文核心期刊网络舆情对比研究［J］. 新世纪图书馆，2016（8）：41－46.

第三节 新型冠状病毒肺炎疫情的网络舆情分析

一、网络新闻媒体舆情分析

首先，在网络新闻媒体中分析新型冠状病毒肺炎疫情相关检索词被收录的数量，在计算收录的数量时，统计的是包括新闻标题和新闻内容里包含这些检索词的新闻总数，从表 8.1 中可以看出，网络新闻媒体收录的信息数量中，百度收录的最多。其次，由于百度新闻囊括了所有新闻网站的新闻，因此相关检索词在百度中收录最多，而新浪网是我国最大的新闻网站之一，收录的相关检索词的新闻数量要比网易新闻和搜狐新闻稍微多一些。在各个新闻网站具体收录的检索词中，新型冠状病毒收录的数量最多，其次是肺炎疫情、肺炎，检索词中口罩收录的数量也相对较多，说明网民比较关心新型冠状病毒相关疫情进展以及防护措施，主要是口罩的需求情况。

表 8.1 新型冠状病毒肺炎疫情相关检索词的网络新闻媒体收录新闻信息数量

单位：条

检索词	百度新闻	新浪新闻	网易新闻	搜狐新闻	总计
肺炎疫情	2860000	343069	286213	263654	3752936
新型冠状病毒	2740000	369273	326168	314691	3750132
肺炎	1930000	157045	126128	124459	2337632
疑似病例	717000	43731	37654	35597	833982
新增病例	1260000	49951	42457	39369	1391777
治愈率	836000	2872	2521	2139	843532
口罩	1890000	246254	213487	209652	2559393
居家隔离	698000	46381	42659	39986	827026
核酸检测	334000	25123	20968	18657	398748

二、网络社交媒体舆情分析

与网络新闻媒体不同，网络社交媒体具有交互性，人们彼此之间可以通过网络社交媒体分享各自的见解、观点、经验等。本研究选择目前最流行的新浪博客和新浪微博，知名的医学学术交流平台丁香园，以及我国最大的中文互动问答平台百度知道作为研究新型冠状病毒肺炎疫情的网络社交媒体平台。从表 8.2 中可以看出新型冠状病毒肺炎疫情相关检索词在各个社交媒体平台收录的信息条数。其中明显可以看出，新浪微博收录的相关检索词的数量为最多，由于新浪微博是一个最常用的社交分享平台，并且分享的内容比较短小精简，方便查阅，因此其中有关新型冠状病毒肺炎疫情的检索词被讨论的数量最多，尤其是涉及口罩检索词的信息数量多达 162634018 条，可以看出网民在社交媒体平台中最关心的是肺炎的防护问题。

表 8.2　新型冠状病毒肺炎疫情相关检索词的网络社交媒体记录信息数量

单位：条

检索词	新浪博客	新浪微博	丁香园	百度知道
肺炎疫情	916	27592499	4589	329581
新型冠状病毒	2180	33689228	50173	54126
肺炎	441	22281532	113636	62487
疑似病例	101	923564	2186	5264
新增病例	385	6144865	377269	2356
治愈率	1480	484287	10261	2135
口罩	16047	162634018	12110	14291710
居家隔离	47	1318375	26225	274049
核酸检测	144	98724	291781	1457215

三、网络搜索数据舆情分析

（一）百度搜索指数分析

百度指数是百度网提供的一种专门分析网民利用百度进行搜索的大数据趋势分析工具，由于百度积累了大量用户的搜索数据，因此以百度搜索大数据作为分析平台，具有一定的代表性。由于百度指数仅能同时输入五个检索词，因此本研究选择肺炎疫情、新型冠状病毒、肺炎、口罩、核酸检测五个最常见的搜索引擎关键词作为研究对象。图 8.1 显示了 2020 年 1 月 1 日—2020 年 4 月 1 日这五个关键词在百度搜索引擎中的搜索总次数，从中可以看出，关键词新型冠状病毒的搜索次数最高，远远高于其他关键词的搜索次数，其次为肺炎，其余关键词的搜索次数相对比较低。从中可以看出，网民在互联网上最关注的是新型冠状病毒和肺炎的情况和发展态势。

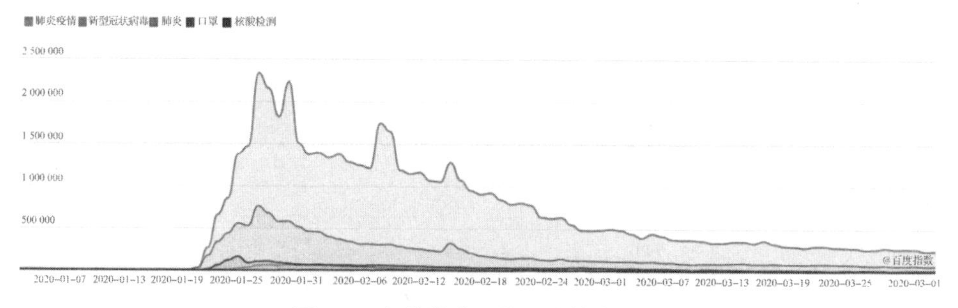

图 8.1　相关检索词的百度搜索指数

（二）搜索相关词热度分析

百度搜索的相关词热度分析是指网民通过百度搜索特定关键词时，同时也会搜索其他的相关词，分析该特定词的相关词对研究网民对特定话题的关注度具有一定的研究价值。表 8.3 列出了网民在百度搜索引擎中搜索肺炎疫情、新型冠状病毒、肺炎、口罩、核酸检测五个关键词时，其他会搜索的热度最高的五个相关词。当用户在百度搜索引擎中搜索肺炎疫情、新型冠状病毒、肺炎等几个关键词时，会同时关注实时动态、最新消息等相关词；而在搜索关键词口罩时，会同时搜索口罩的种类和购买平台等相关信息，说明网民比较关注实时动态和最新发展情况，以及口罩的购买等信息。

表 8.3　搜索相关词热度

相关词热度	肺炎疫情	新型冠状病毒	肺炎	口罩	核酸检测
1	肺炎疫情实时动态	新型肺炎实时动态	新型肺炎实时动态	N95 口罩	核酸检测是什么意思
2	肺炎	新型冠状病毒的特征	肺炎最新消息	亚马逊	咽拭子
3	中国疫情最新消息	新型冠状病毒最新消息	肺炎	口罩的正确戴法	人感染了冠状病毒的检测方法
4	肺炎真实情况	新型冠状病毒传染	武汉	3M 口罩	核酸
5	武汉疫情	新型冠状病毒病例	肺炎真实情况	医用外科口罩	CT

（三）网络搜索人群属性

网络搜索的人群属性是指在百度上搜索特定关键词信息时，用户的年龄、性别等属性特征，可以在百度指数中统计出搜索该特定关键词的用户的年龄和性别占比。图 8.2 显示了 2020 年 1 月 1 日—2020 年 4 月 1 日网民在百度搜索引擎中搜索肺炎疫情、新型冠状病毒、肺炎、口罩、核酸检测五个关键词时，所有使用百度搜索引擎的人群中的年龄构成与性别构成比例。从用户的年龄结构来看，搜索这五个关键词的用户年龄在 20～29 岁，以及 30～39 岁，说明在网络上关心肺炎疫情的网民主要是年轻人，这个也与使用互联网的主要群体是年轻人有关。另外，20～29 岁的用户在网络上搜索核酸检测的次数明显高于其他群体，说明 20～29 岁的年轻人更加倾向于做核酸检测。在性别构成中，搜索这五个关键词的男性群体比女性多一些。

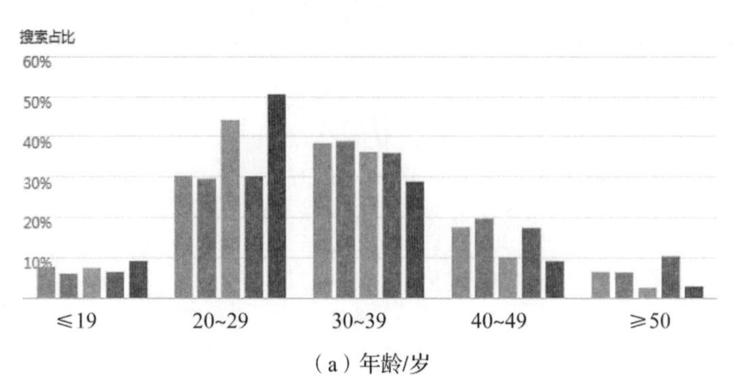

（a）年龄/岁

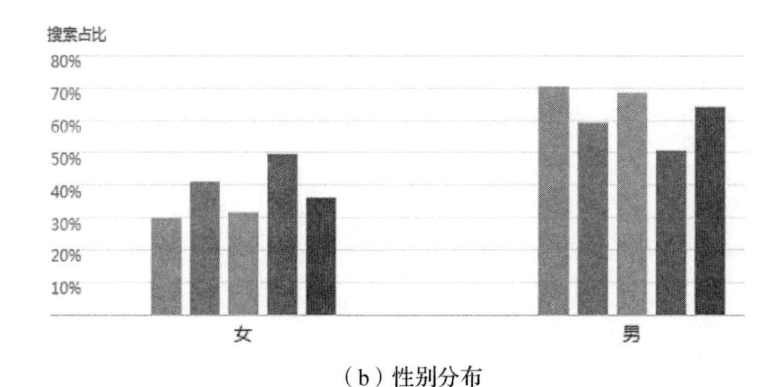

（b）性别分布

图 8.2　网络搜索人群属性

第四节　研究结论和建议

本章基于网络大数据，对新型冠状病毒肺炎疫情的网络舆情进行分析，主要包括三个方面：第一，网络新闻媒体舆情分析；第二，网络社交媒体舆情分析；第三，网络搜索人群属性，分别选取相应的检索词，在这三个大数据媒介中对新型冠状病毒肺炎疫情的网络舆情进行分析。从以上三方面的分析中可以得出如下结论：

1. 网民比较关注新型冠状病毒的发展态势。说明使用互联网的用户较为关注新冠肺炎疫情相关的网络信息，尤其是针对口罩检索词的巨大搜索量说明人们比较关心肺炎的防护措施。因此，笔者建议互联网媒体和政府监管部门可以针对肺炎疫情的网络舆情进行管理，尤其对于肺炎的防护措施和疾病的相关情况要及时公布，尤其在网络平台和社交媒体上要重视肺炎疫情的防护宣传，让积极的舆论信息能够及时地在互联网上发布和传播，以消除人们对于疾病传播的恐慌心理。

2. 微博等自媒体的信息传播力度更大。在自媒体新浪微博里有关肺炎疫情的讨论话题明显多于其他传统的社交媒体，这说明政府网络监管部门需要对微博、微信等自媒体平台进行有效监管，尤其要监控虚假谣言信息和不实信息在自媒体中的传播。对于散播恐慌信息和虚假信息的微信群，要坚决予以取缔。网络不是法外之地，对于编造、传播、散布网络谣言，扰乱社会正常秩序行为的个人和组织，依据《中华人民共和国治安管理处罚法》，警方应当依法查处，绝不姑息。政府、互联网企业、网民、社会组织等互联网参与主体应协同合作，在微博、微信群等新型社交媒体中，主动传播网络正能量，引导建立清朗的网络互动空间。

3. 年轻群体对肺炎疫情的关注度更高。在网络搜索引擎中发现年轻群体对新冠肺炎疫情的搜索量明显高于年长者，原因可能在于老年群体使用网络的人数远远少于年轻群体，另外一方面也说明年轻群体在网络上对新冠肺炎疫情的诉求更高，他们更加关心疫情的走势。因此，政府网络监管部门需要注意年轻群体的诉求和网络搜索偏好，正确引导年轻人的网络价值观。

第九章 有限群体内舆情危机扩散SIR模型及仿真模拟实现

本章借鉴传染病研究中的SIR模型，结合特定有限群体舆情危机扩散的特点，建立有限群体内舆情危机扩散的SIR模型并对群体内舆情危机的扩散状态进行仿真模拟计算。首先，以某个学校内部论坛作为有限群体危机扩散的媒介，利用采样实验数据进行仿真模拟。其次，构建有限群体危机扩散的理论方法，通过建立数学模型在二维矩阵空间对有限群体内舆情危机扩散的状态进行模拟演示。最后，根据模拟仿真结果及分析结论，得出了有效预防和控制舆情危机扩散的方法。

第一节 研究背景

SIR模型是一种经典模型，该模型中S代表易感染者，I代表感染者，R代表移除者。利用该SIR模型，可以研究传染病的传播扩散机制，并建立数学模型模拟其传播过程。目前众多学者基于传染病的SIR模型，研究其他问题。比较经典的应用有如下几种：①基于SIR模型对股市、银行等危机传播的研究。例如马源源、庄新田等（2013）[①] 学者构建上市公司股东交易数据的SIR复杂模型，模拟出当股东的资金流出现问题或资金链断裂时影响整体股市交易的情况，推导出股市危机蔓延的传播路径。乜洪辉（2012）[②] 借鉴病毒传染的SIR模型模拟银行危机的传播过程。银行业的危机主要是基于某

---

① 马源源，庄新田，李凌轩．股市中危机传播的SIR模型及其仿真［J］．管理科学学报，2013，16（7）：80-94.

② 乜洪辉．基于SIR模型的银行危机传染研究［D］．长沙：湖南大学，2012.

个银行的资金流动性不足，难以应付资金兑付和取现的要求，从而造成银行业的危机并迅速扩散。该研究构建有效的银行危机传播 SIR 动态模型，试图找到控制银行危机传播的方法，为我国的银行业监管提供建议。②基于 SIR 模型对微博、微信等网络社交媒体传播机理的研究。例如，王超、杨旭颖等（2014）[①] 学者借鉴传染病学中的 SIR 模型，模拟社交网络中用户信息的传播路径，构建 SNS 扩散传播的理论模型，该模型为社交网络中信息传播的控制提供了理论参考依据。杨子龙、黄曙光（2014）等[②]学者基于微博用户的转发信息行为与特征，提出一种 SIR 改进模型，该模型能够很好地预测用户的信息转发概率与行为。丁学君（2015）[③] 分析了微博网络中用户信息交互与话题分享的传播机制，基于改进型的 SCIR 模型，模拟了微博网络中用户信息互动及传播的路径。③研究社会人为风险与自然风险的传播机制。例如，赵晓晓、钮钦（2014）[④] 构建了水利工程项目社会风险的 SIR 理论扩散模型并模拟其风险传播路径，得出在社会风险发生之前采取有效的预控措施是控制社会风险扩散的最优选择，并对此提出了建议和对策。姚洪兴、孔垂青（2015）等[⑤]学者基于金融系统的网络结构特征与传染病 SIR 建模的思想，在无标度网络上构建了企业间风险传播的复杂模型，通过计算风险传播的一个系数，并分析平衡点的全局稳定性，得到当这个系数小于 1 时，企业网络中的风险会消失，而当这个系数大于 1 时，企业网络中的风险将会继续存在。尹楠（2016）[⑥] 根据传染病研究中的 SIR 模型，并结合森林火灾发生的特点，建立森林火灾 SIR 模型并对森林火灾燃烧扩散状态进行仿真模拟，并根据仿真模拟的结论，得出了有效预防和控制森林火灾的手段。

---

① 王超，杨旭颖，徐珂，等．基于 SEIR 的社交网络信息传播模型［J］．电子学报，2014（11）：2325-2330.

② 杨子龙，黄曙光，王珍，等．基于信息老化特征的微博传播模型研究［J］．计算机科学，2014，41（12）：82-85.

③ 丁学君．基于 SCIR 的微博舆情话题传播模型研究［J］．计算机工程与应用，2015，51（8）：20-26.

④ 赵晓晓，钮钦．基于 SIR 模型的重大水利工程建设的社会风险扩散路径研究［J］．工程管理学报，2014，28（1）：46-50.

⑤ 姚洪兴，孔垂青，周凤燕，等．基于复杂网络的企业间风险传播模型［J］．统计与决策，2015，435（15）：185-188.

⑥ 尹楠．森林火灾 SIR 模型及仿真模拟［J］．统计与决策，2016，463（19）：76-77.

SIR 模型的研究应用范围较为广泛，在社交媒介的信息传播、证券股票风险的传播、负面新闻事件的传播等方面都有广泛的应用，本节正是基于传染病的 SIR 模型，并结合有限群体内舆情危机蔓延的方式，建立有限群体内舆情危机扩散的 SIR 模型，并对建立的模型进行仿真模拟演示。利用该有限群体内舆情危机扩散的 SIR 模型，可以对一个特定群体内舆情危机扩散的状态进行预测，并得出有效预防和控制有限群体内舆情危机发生或扩散的条件。

第二节　舆情危机扩散的相关研究综述

互联网已成为信息传播和交流的主要渠道，互联网上的信息具有传播速度快、方便快捷、容易获取等特点，但互联网上一旦出现负面信息，其传播扩散的影响也是极大的。因此，当前对舆情危机的相关研究中，主要是针对网络上对舆情危机方面的研究，并未有涉及有限群体内舆情危机扩散的研究。

其中一种是基于公共突发事件网络舆情危机的研究，如杨菁、孙宝文（2011）① 等学者以典型公共危机事件网络舆情案例为样本，采用多元回归的方法从触发危机因素的视角验证了网友数量和网友态度对危机水平的影响关系。王林和时勘（2013）等②学者基于微博的实验研究发现在突发事件的微博群体行为舆情预警感知中，微博中网民的情绪容易聚集成一种高强度的能量场，可以作为舆情危机的动力来源和舆情预警的重要指标。刘杨（2014）③ 认为，在网络时代，突发事件相关的网络舆情对民众影响日益深远。我国政府相关部门应遵循网络舆情传播规律，建构及时、透明的信息发布制度，建立科学的预警机制，运用全媒体联动策略疏导网络舆情。陈璟浩和李纲（2015）④ 以传播模式的形式再现了突发公共事件网络舆情在网络媒体中的传播过程，对传播模式中系统外部噪音、利益相关者、政府部门、网络媒体组

---

① 杨菁，孙宝文. 公共危机事件网络舆情危机水平评测研究［J］. 中央财经大学学报，2011（10）：18-22.

② 王林，时勘，赵杨等. 基于突发事件的微博集群行为舆情感知实验［J］. 情报杂志，2013，32（5）：32-48.

③ 刘杨. 突发公共事件网络舆情的引导策略［J］. 编辑学刊，2014（2）：88-91.

④ 陈璟浩，李纲. 突发公共事件网络舆情在网络媒体中的传播过程［J］. 图书情报知识，2015，163（1）：116-123.

织等要素进行了分析。

另外一种是基于企业危机事件网络舆情的研究，如肖来付（2013）① 基于长尾理论的视角，研究中国企业的网络舆情应对能力现状及其问题，发现中国企业应对网络舆情能力相对较差，认为企业应履行其应负担的社会责任，转变危机传播理念并重视新兴媒体的传播效应，消除负面信息扩散的影响。段鹏（2015）② 基于对某大型国有企业舆情管理人员的深度访谈，总结归纳了当前国有企业的舆情风险特点、风险类型以及舆情管理的现状和不足，提出国有企业危机传播管理体系的模型建构方案和运行法则。朱舸和齐佳音（2015）③ 选择了用于评价企业危机事件网络舆情的 15 个指标，建立了以舆情热度、危度、离散度为框架的指标体系并分析了指标之间的影响和关系，构建了贝叶斯网络模型，对企业危机事件网络舆情趋势进行了评估。

在查阅了对舆情危机的相关研究文献之后，可以发现目前大多数关于舆情危机的研究主要是基于网络舆情危机的研究，其中以公共危机突发事件和企业危机事件为主。在研究方法上，主要以网络舆情的监测指标为依据，以微博等网络社交媒体为工具进行定量或定性的研究。但目前国内外尚未有文献研究资料对一个有限群体内舆情危机的传播和扩散进行分析，并建立相关的数学模型进行仿真模拟实现，因此本书在理论上具有一定的创新应用价值。

第三节　有限群体内舆情危机扩散 SIR 模型的建立

一、有限群体内舆情危机发生的特点

有限群体指的是某个特定群体，如一个公司、一个学校、一个医院等，其内部的成员作为特定群体内的成员，如公司内部的员工、学校的学生、医院的医生等。有限群体内舆情危机是指在某个特定群体内发生的负面突发事件，在特定群体内面对突发事件，特别是负面事件，作为特定群体内成员对

---

① 肖来付．网络舆情时代的企业危机应对与管理：基于“长尾理论”的视角［J］．重庆邮电大学学报（社会科学版），2013，25（6）：115-119.

② 段鹏．国有企业舆情风险与危机传播管理体系研究［J］．当代传播，2015，（1）：32-35.

③ 朱舸，齐佳音．企业危机事件网络舆情态势评估［J］．情报科学，2015，33（6）：48-57.

作为客观存在的事件或现象表达自己的信念、态度、意见和情绪等，当这些信念、态度、意见和情绪聚集汇总，其舆论影响在特定群体内逐渐扩大，并给群体内的当事人造成危机感的现象。

在一个有限群体内，发生舆情危机时，舆情危机的扩散和传播迅速向四周蔓延，其传播模式类似于传染病的感染传播模式，因此可以利用 SIR 模型建立数学模型，并进行仿真模拟演示。

二、有限群体内舆情危机扩散 SIR 模型的假设条件

1. 在有限群体内舆情危机发生时期，假设不考虑群体的出生、死亡、移动等种群动力因素，这些因素作为非重要因素，只考虑舆情危机随时间发生变化的主要因素。

2. 总群体个体数 $N(t)$ 保持不变，假设群体一直保持一个常数 N。有限群体内舆情危机 SIR 模型就是针对某类舆情危机将特定群体内的成员分成以下三类：易感染者（尚未感染），其数量比例记为 $s(t)$；感染者（已受感染），其数量比例记为 $i(t)$；移除者（感染终止），其数量比例记为 $r(t)$。

3. 假设时间以小时为基准时间，群体成员的感染率为 λ，移除率为 μ，感染期接触数为 $\sigma = \lambda/\mu$。

三、有限群体内舆情危机 SIR 模型的构成

在以上三个基本假设条件下，易感染者（未感染）从感染到移除的经过如下所示：

$$\boxed{s} \xrightarrow{\lambda_{si}} \boxed{i} \xrightarrow{\mu_i} \boxed{r}$$

根据假设条件可以得出：

$$s(t) + i(t) + r(t) = 1 \tag{1}$$

可以将 $s(t)$，$i(t)$，$r(t)$ 建立为两个公式，即式（2）和式（3）：

$$N[i(t+\Delta t) - i(t)] = \lambda N s(t) i(t) \Delta t - \mu N i(t) \Delta t \tag{2}$$

$$N[s(t+\Delta t) - s(t)] = -\lambda N s(t) i(t) \Delta t \tag{3}$$

对于移除者（感染后）的数量应为：

$$N\frac{\mathrm{d}r}{\mathrm{d}t} = \mu N i \tag{4}$$

假设初始时刻的易感染者（未感染）、感染者（受感染）、移除者（感染终止）的比例分别是 $s_0(s_0>0)$，$i_0(i_0>0)$，$r_0=0$，可以得到 SIR 模型为如下微分方程组初值问题：

$$\begin{cases}\dfrac{\mathrm{d}s}{\mathrm{d}t}=-\lambda si, & s(0)=s_0\\[2ex] \dfrac{\mathrm{d}i}{\mathrm{d}t}=\lambda si-\mu_{\mathrm{i}}, & i(0)=i_0\\[2ex] \dfrac{\mathrm{d}r}{\mathrm{d}t}=\mu_{\mathrm{i}}, & r(0)=0\end{cases} \tag{5}$$

由 $s+i+r=1$ 有 $\mathrm{d}r/\mathrm{d}t=-\mathrm{d}i/\mathrm{d}t-\mathrm{d}s/\mathrm{d}t$，于是式（5）中的第三个方程变为恒等式，从而模型可以简化为：

$$\begin{cases}\dfrac{\mathrm{d}s}{\mathrm{d}t}=-\lambda si, & s(0)=s_0\\[2ex] \dfrac{\mathrm{d}i}{\mathrm{d}t}=\lambda si-\mu_{\mathrm{i}}, & i(0)=i_0\end{cases} \tag{6}$$

$$i_0+s_0\approx 1\,[\text{通常 } r(0)=r_0 \text{ 很小}]$$

从式（6）模型中消去 $\mathrm{d}t$，其中 $\sigma=\lambda/\mu$，可以得到 SIR 模型为：

$$\begin{cases}\dfrac{\mathrm{d}i}{\mathrm{d}s}=\dfrac{1}{\sigma s}-1\\[2ex] i\big|_{s=s_0}=i_0\end{cases} \tag{7}$$

四、数值模拟计算

由于 SIR 模型中 $s(t)$，$i(t)$ 的求解比较困难，可以做数值计算来预估计 $s(t)$，$i(t)$ 的一般变化规律。根据方程（6）（7），假设 $\lambda=1$，$\mu=0.3$，$i(0)=0.02$，$s(0)=0.98$，通过 R 数据分析软件，输出结果如表 9.1 所示。由 $i(t)$，$s(t)$ 可以得出图 9.1 和图 9.2。i 和 s 两数据的（0）值连接线，初值 $i(0)=0.02$，$s(0)=0.98$ 对应图 9.2 中的 P_0 曲线，随着 t 的增加，$(s,\ i)$ 沿轨线从右向左移动。通过表 9.1、图 9.1 以及图 9.2 所示，$i(t)$ 由初值增长约为 7 时达到最大值，然后逐步减少，$t\to\infty$，$i\to 0$，$s(t)$ 则缓慢减少，$t\to\infty$，$s\to 0.04$，结合图形可以分析 $i(t)$，$s(t)$ 的一般变化规律。

表 9.1　$s(t)$ 和 $i(t)$ 的数值计算结果

t	0	1	2	3	4	5	6	7	8
$i(t)$	0.02	0.04	0.07	0.13	0.20	0.28	0.33	0.34	0.33
$s(t)$	0.98	0.95	0.90	0.82	0.69	0.54	0.40	0.28	0.20
t	9	10	15	20	25	30	35	40	45
$i(t)$	0.29	0.24	0.08	0.02	0.01	0.00	0.00	0.00	0
$s(t)$	0.15	0.12	0.05	0.04	0.04	0.04	0.04	0.04	0.04

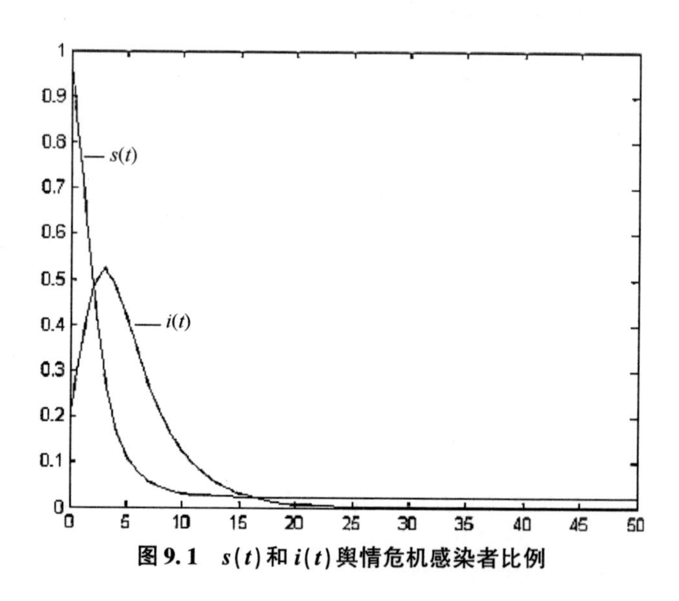

图 9.1　$s(t)$ 和 $i(t)$ 舆情危机感染者比例

五、原理分析

基于数值计算基础，根据相交线得出 $i(t)$，$s(t)$ 的含义，i 和 s 两数据的（0）值连接线的定义域（s，i）$\in D$ 为

$$D = \{(s,i) \mid s \geqslant 0,\ i \geqslant 0,\ s + i \leqslant 1\} \tag{8}$$

在式（6）中消去并观察 σ 的定义，可得

$$\frac{\mathrm{d}_i}{\mathrm{d}_s} = \left(\frac{1}{s\sigma} - 1\right),\ i\big|_{s=s_0} = i_0 \tag{9}$$

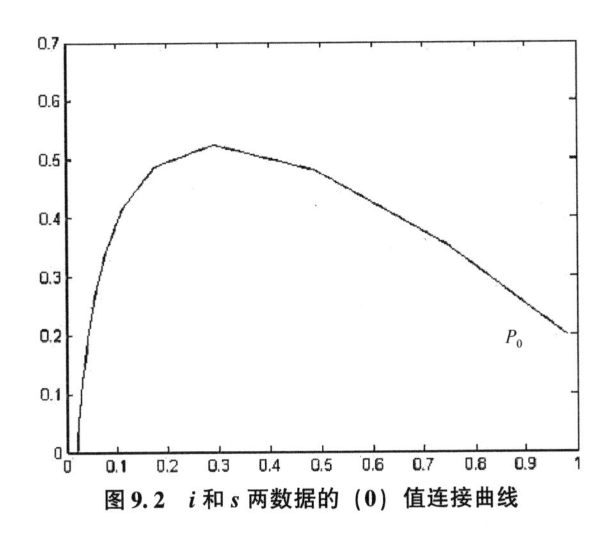

图 9.2　i 和 s 两数据的（0）值连接曲线

所以：

$$\mathrm{d}_i = \left(\frac{1}{s\sigma} - 1\right)\mathrm{d}_s \quad \Rightarrow \quad \int_{i_0}^{i} \mathrm{d}_i = \int_{s_0}^{s} \left(\frac{1}{s\sigma} - 1\right)\mathrm{d}_s \tag{10}$$

利用积分特性可以求出式（9）的解为：

$$i = (s_0 - i_0) - s = \frac{1}{\sigma}\ln\frac{s}{s_0} \tag{11}$$

在定义域 D 内，式（10）的连接曲线即相交线，如图 9.3 所示，箭头表示随时间 t 的增加 $s(t)$ 和 $i(t)$ 的变化趋势。

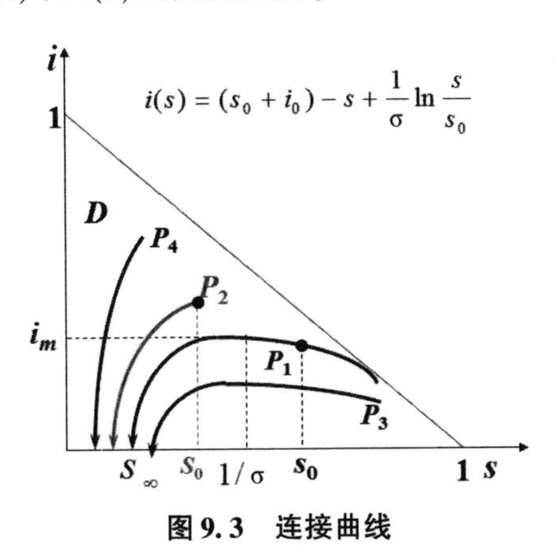

图 9.3　连接曲线

可以得出连接曲线：

$$i(s) = (s_0 + i_0) - s + \frac{1}{\sigma}\ln\frac{s}{s_0}$$

相交线的定义域为：$D = \{(s, i_0) \mid s \geqslant 0, i \geqslant 0, s + j \geqslant 1\}$，可以在图 9.3 中 D 区域内作出相交线 $i(s)$ 的图形进行分析。

当 $s(t)$ 单调减趋向于相交线的方向，$s = 1/\sigma$，$i = i_m$，$t \to \infty$，$i \to 0$，s_∞ 满足 $s_0 + i_0 - s_\infty + \frac{1}{\sigma}\ln\frac{s_\infty}{s_0} = 0$。

图 9.3 中 P_1 为 $s_0 > 1/\sigma \to i(t)$ 先上升然后逐渐趋于 0，代表有限群体内舆情危机可能会扩散；P_2 为 $s_0 < 1/\sigma \to i(t)$ 逐渐下降到 0，代表有限群体内舆情危机不太可能会扩散。据此可以得出预防有限群体内舆情危机扩散的条件，即为 $s_0 < 1/\sigma$。因此，可以通过提高固定值 $1/\sigma$ 达到降低 $\sigma(\sigma = \lambda/\sigma)$ 的目的，即降低群体成员的感染率 λ，提高移除率 μ。

第四节　实验采样数据仿真

本节选取某高校内部论坛（仅校内 IP 地址具有访问权限）中抓取到的用户访问日志数据构建实验所用的数据集合，校内论坛可以被看作一个有限群体，其构建过程如下：

选取 2015 年 7 月到 2016 年 7 月，由学校内部突发性危机事件所引发的一个校内学生交通事故突发事件（即危机 1）和一个学生宿舍引发的事故（即危机 2）作为目标舆情危机事件的研究对象，并从两个危机事件中分别提取出相应的关键词，如表 9.2 所示。

表 9.2　实验数据

序号	危机事件	采样区间	采样关键词
1	学生交通事故	2015 年 7 月到 2016 年 7 月	飙车；无证驾驶；女生
2	学生宿舍事故	2015 年 7 月到 2016 年 7 月	电炉；火灾；大火

首先根据表 9.2 给出的采样关键词，利用该校内论坛的记录搜索功能，得到采样区间内 309 条与事件 1 相关的论坛记录；168 条与事件 2 相关的论坛

记录。另外，本研究构建的论坛数据集还包括访客每天访问论坛的日志记录、每天访问论坛的用户数量、针对论坛内危机事件发表相关言论的用户数量记录等，并且样本收集的时间和地点都是固定的。

其次对危机事件的原始数据进行筛选，分别得到每个采样时刻未知群体 U、易感染群体（未感染）S、感染群体（受感染）I 及免疫群体 R 的用户数量。图 9.4（a）和图 9.4（b）分别描述了危机事件 1 和危机事件 2 的不同用户群体的用户规模随时间的变化关系。

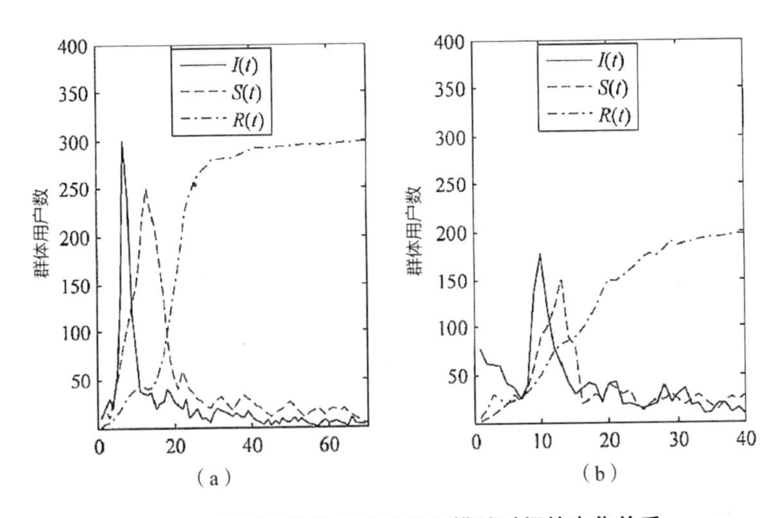

图 9.4　不同群体的用户数量规模随时间的变化关系

假设校内网络论坛的用户总数 $N=10000$，其余用户全部为未知状态。各参数设置如下：接触率 $\lambda=0.5$，受外界影响概率 $\sigma=0.2$，传播率 $\lambda=0.1$，免疫率 $\mu=0.5$。可以得到未知群体、易感染群体、传染群体以及免疫群体的用户规模随时间变化的关系，如图 9.5 所示，由此可得，未知群体在舆情危机传播刚开始的时候就会下降，易感染群体随着时间变化，舆情危机的传播首先缓慢地上升，然后逐步地下降。感染群体的舆情危机变化也呈现这种趋势，免疫群体的传播比较特殊，呈现逐步上升趋势，并逐渐趋向于 1。从中可以发现有限群体内舆情危机时间的传播扩散也具有突发性和时效性的特点，在较短时间内迅速地传播，而后逐步地减缓传播的速度，最终时效性下降到零。

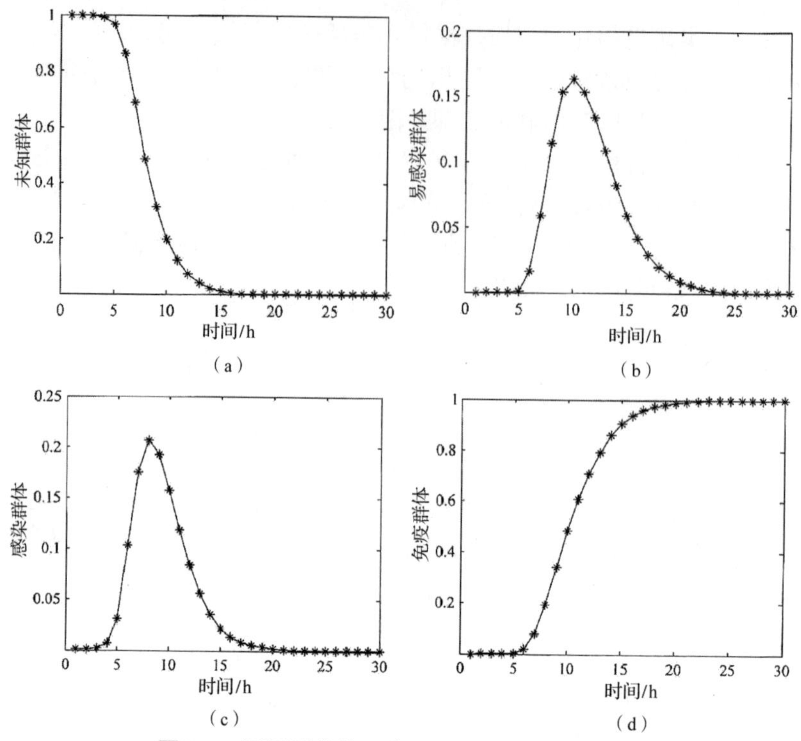

图 9.5　不同群体的用户规模随时间的变化关系

第五节　有限二维平面中舆情危机 SIR 模型的模拟仿真

有限群体内舆情危机 SIR 模型的主要特点表现在舆情危机的发生对空间个体相互作用的模拟。根据建立的有限群体内舆情危机 SIR 模型，感染者（受感染）只能感染触及与其相邻的易感染者（未感染）。在每一步中，每个感染者个体以概率 λ 感染触及与其相邻的易感染者（未感染）个体。令 x 表示与一个易感染者（未感染）个体相邻的感染者（受感染）总数，则该易感染者（未感染）个体以概率 $(1-\lambda)^x$ 保持未被感染的状态。在导致其他个体被感染后，每个感染者（受感染）以概率 μ 被移除。

假设有限群体内舆情危机限制在一个空间为二维的矩阵网格中，令 X_t 表示在时刻 t 时的一个二维矩阵，并且令 $X_t(i, j)=2$ 时，表示个体在点（i, j）为易感染者；$X_t(i, j)=1$ 时，表示个体在点（i, j）为感染者；$X_t(i, j)=0$

时，表示个体在点（i，j）为移除者。在数据分析软件 R 语言中对有限群体内舆情危机 SIR 模型进行模拟仿真实验，得出如下一系列输出结果散点图。

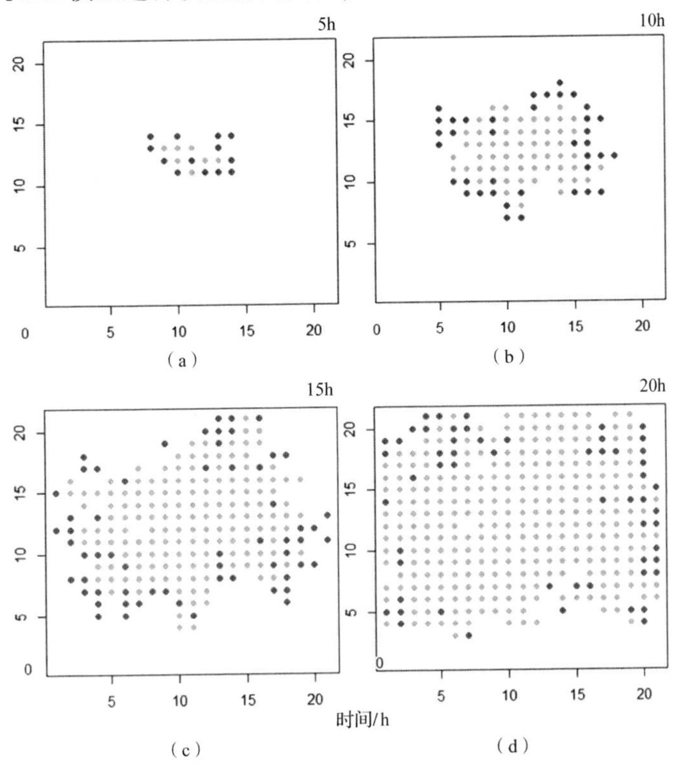

图 9.6　$\lambda=0.2$，$\mu=0.4$ 的有限群体内舆情危机模拟扩散图

假设在二维矩阵图中，在网格中心位置存在单一的舆情危机感染源，图 9.6 表示在 5、10、15、20 小时四个时点分别模拟的舆情危机扩散的状态，在群体成员的感染率 $\lambda=0.2$，移除率 $\mu=0.4$ 时模拟舆情危机蔓延的四种状态。图 9.6 中深色和浅色点分别表示感染者（受感染）和移除者（感染终止）。

从图 9.7 可以看出，当群体成员的感染率 $\lambda=0.7$，移除率 $\mu=0.4$ 时，模拟舆情危机的扩散速度和面积变大，仅仅在 5 和 10 小时模拟舆情危机扩散的两个时点过后，扩散的面积几乎感染了整个区域。因此可以得出这样的结论：随着 λ 的增加，舆情危机的扩散，即发生群体内严重的舆情危机的概率将大大增加。

从图 9.8 可以看出，当群体成员的感染率 $\lambda=0.2$，移除率 $\mu=0.7$ 时，模拟舆情危机的扩散速度和面积明显减小，在 5、10、15 小时分别模拟舆情危机扩散的三个时点之后，扩散已经基本终止，且扩散的面积不大。因此可以得出这样的结论：随着 μ 的增加，舆情危机的扩散，即发生群体内舆情危机蔓延的概率将减小。

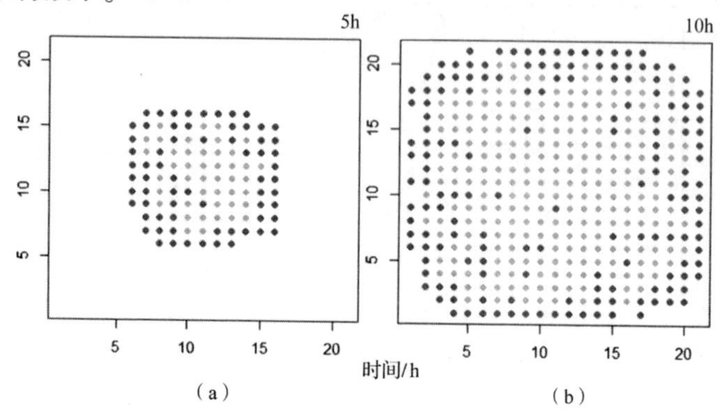

图 9.7　λ=0.7，μ=0.4 的有限群体内舆情危机模拟扩散图

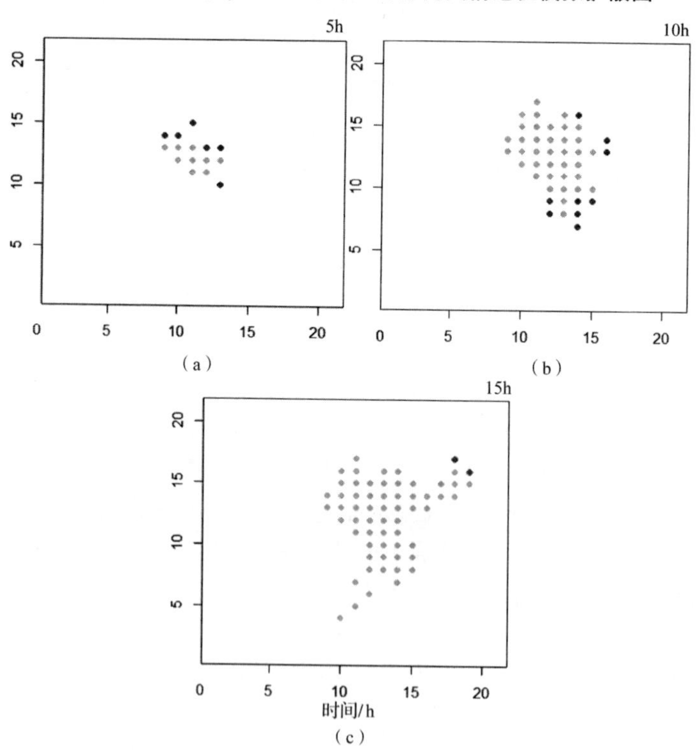

图 9.8　λ=0.2，μ=0.7 的有限群体内舆情危机模拟扩散图

第六节　研究结论

本章首先选取某高校内部论坛（仅校内 IP 地址具有访问权限）中实际抓取到的数据构建实验数据集，构建了实际的高校内部论坛的 SIR 传播路径图，对本研究模型进行了实验仿真，并分析了模型中参数的变化对传播扩散路径的影响。实验结果表明：高校内部有限群体内网络论坛中舆情危机事件传播过程与现实社会中舆情危机的传播规律相符，舆情危机一般是由某个突然性的危机事件所引发，然后在较短的时间内引起用户讨论的兴趣，使得该危机事件逐步扩散，并迅速形成传播的最高峰值；随着时间的推移，由于舆情事件的热度减退，用户将不再对该舆情危机有兴趣，从而不再关心该事件。

然后本章根据 SIR 模型建立有限群体内舆情危机扩散的模拟仿真，在一个空间为二维的矩阵网格中模拟舆情危机的发生状态。结论表明，当群体成员的感染率 λ 增加，或者移除率 μ 减小时，舆情危机将很快会扩散开来，导致发生严重舆情危机的概率将会增加。同时，根据建立的有限群体内舆情危机 SIR 模型在 R 数据分析软件中能够模拟舆情危机发生的演变状态。从分析中可以看出，有限群体内舆情危机的扩散不是直线型的移动，而是以没有规则的方式移动，如果假设舆情危机的发生是沿着一种直线的方向扩散，那么每一个未感染个体，即易感染者（未感染）都与周边三个已感染的个体，即感染者（受感染）临近，该个体感染的可能性为 $1-(1-\lambda)^3$，考虑到个体，即每个感染者（受感染）以概率 μ 被去除，因此 $1-(1-\lambda)^3>\mu$，有限群体内舆情危机将会逐渐扩散。

根据上述建立的有限群体内舆情危机 SIR 模型的模拟仿真结果及分析结论，可以看出，为预防和控制舆情危机的发生或蔓延，可以通过降低群体成员的感染率 λ 和提高移除率 μ 两个基本途径，其中降低群体成员的感染率可以通过抑制群体内舆情危机消息源的传播，如通过禁止群体内舆情危机的传播等途径降低感染率，达到预防或者控制舆情危机的目的。提高移除率可以通过在群体内实施新的控制手段，如颁布新的群体内部政策、法规等手段去更好地控制舆情危机的发生或蔓延。另外，由于在一个特定群体内舆情危机的扩散难以用计算机分析量化的形式去度量，在现实中有限群体内舆情危机蔓延的路径也是难以度量的。本章仅在一个空间为二维的矩阵网格中模拟舆情危机的扩散状态，具有一定的研究局限性。但本章通过建立数学模型在二维矩阵空间对有限群体内舆情危机扩散的状态进行模拟演示，并得出了有效预防和控制有限群体内舆情危机扩散的方法，具有一定的创新性和应用性。

第十章

互联网金融治理——P2P 小额借贷平台陆金所的网络舆情和用户信息分析

本章以我国最大的 P2P 小额借贷平台陆金所为例，从网络舆情基本信息、网络舆情关联度信息、网络搜索地域分布与人群属性等方面全面分析了该平台的网络舆情相关信息。并从该平台随机抽取 200 个用户信息，与从另外两个小额借贷平台拍拍贷和宜人贷各抽取的 200 个用户信息进行比较研究，从中找出适合陆金所投资者的相关信息。本章的研究结果可以为陆金所的网贷投资人提供投资决策方面的参考依据，也可以为政府、行业监管部门制定互联网金融监管政策、进行行业研究、把握行业最新动态作为重要的参考。

第一节　研究背景

小额借贷的发展起源于 1974 年尤努斯教授在孟加拉开展的小额借贷试验，直到现在小额借贷已经发展成为发展中国家缓解贫困的有力工具。[①] P2P 网络借贷已经成为小额借贷的一个重要形式，它的形成主要是借助于网络，从而形成一种新型金融服务模式。网络借贷是以网络为交易平台，进行点对点的借贷，主要就是借款人和贷款人之间通过各种交流，最终达成借贷的一个网络活动。

2019 年中国网贷行业年报统计显示，2019 年全年网贷行业成交量达到了 9649.11 亿元，相比 2018 年全年网贷成交量（17948.01 亿元）减少了 46.24%，从数据可以发现 2019 年全年成交量创了近 5 年的新低。随着成交量的逐步下

① 王小丽，丁博．P2P 网络借贷的分析及其策略建议［J］．国际金融，2013（30）：25-31.

降，网贷行业贷款余额也同步走低。截至2019年底，网贷行业总体贷款余额下降至4915.91亿元，同比2018年下降了37.69%。成交量逐步走低与部分大平台逐步转型、监管“三降”、出借人对行业谨慎的态度密不可分。同时，由于2019年行业清退力度加大，平台继续按照监管“三降”要求降低贷款余额，此外多家大平台开始业务转型，停止发标导致贷款余额急剧下降，诸多因素的影响使得行业贷款余额在2019年出现了明显的下降。①

虽然利用网络借贷平台是方便快捷的，但不法分子利用这个平台来进行金融诈骗、非法集资等，造成了危害整个金融安全的恶意事件。目前，大部分网络平台都面临缺乏资金安全保障和法律监管等问题，P2P网络借贷在发展过程中的风险是不容忽视的，因此了解P2P小额借贷平台的网络舆情和用户信息，有助于帮助小额借贷平台的投资人有效规避风险，选择最适合的投资平台做准备，同时也可以为政府决策机构、行业监管部门制定相关法律法规提供参考依据。

第二节　陆金所的网络舆情分析

据陆金所官网介绍，陆金所全称为上海陆家嘴国际金融资产交易市场股份有限公司，是陆金所控股旗下全球领先的线上财富管理平台。2011年9月在上海注册成立，注册资本金8.37亿元，位于国际金融中心上海的陆家嘴。陆金所控股是中国平安集团成员公司，立足于“信息平台”和“科技赋能”两大功能定位，陆金所致力于结合金融全球化发展与信息技术创新，以健全的风险管控体系为基础，为广大投资者提供专业、高效、安全、透明的综合金融资产交易信息及咨询服务，助大众实现财富的保值与增值；以领先的金融科技与应用为基础，在财富管理业务领域开拓创新，稳健增长，助力金融业数字化升级。陆金所始终保持高速增长。中国平安集团2019年年报显示，截至2019年12月末，陆金所平台注册用户数达4402万，向1250万活跃投资

---

① 网贷之家. 2019年中国网络借贷行业年报［EB/OL］.（2020-01-07）［2021-07-08］. https://www.sohu.com/a/365379091_319643.

客户提供 7800 多种产品及个性化的金融服务，客户资产规模为 3469 亿元。①

根据国内著名的网贷评级机构网贷之家发布的网贷平台发展指数评级表，如表 10.1 所示，截至 2019 年 6 月，陆金所在发展指数评级总排名中位居第一名，其中成交积分、营收积分、人气积分和品牌四项指数排名第一。目前，陆金所的注册用户已经突破千万，远远超过其他知名平台。

表 10.1　网贷平台发展指数评级表

排名	平台名	成交积分（8%）	营收积分（8%）	人气积分（15%）	技术积分（3%）	杠杆积分（14%）	流动性（5%）	分散度（14%）	透明度（14%）	品牌（19%）	发展指数
1	陆金所	98. 30	98. 94	100. 00	74. 55	31. 06	47. 91	91. 29	34. 32	78. 06	72. 18
2	人人贷	86. 87	84. 71	91. 13	71. 68	21. 16	45. 48	94. 10	47. 68	70. 11	67. 95
3	投哪网	74. 51	67. 12	85. 19	87. 39	25. 63	93. 73	69. 75	59. 92	57. 36	64. 06
4	拍拍贷	65. 30	60. 08	85. 92	78. 66	28. 46	77. 86	95. 43	39. 20	61. 62	63. 71
5	宜人贷	94. 23	87. 18	90. 38	60. 31	15. 43	41. 92	92. 48	23. 36	65. 59	62. 82

舆情是“舆论情况”的简称，通常是指社会民众对社会性事件或社会管理者所表达的信念、态度、意见和情绪表现的总和，在进入互联网时代之后，由于信息在传播速度以及传播渠道上都有了质的飞跃，网络舆情便成了政府、行业监管部门了解民意的重要方面。P2P 网络借贷的目的在于打破投资人与借款人之间的信息隔阂，提高投资收益并降低借款成本，进而提高金融系统的运转效率。② 因此，与传统的借贷方式不同，借款需求通过互联网这个新的渠道传播给广大的互联网用户。并且由于时间与空间的限制，大部分网贷投资人难以对每个网贷平台和借款项目进行实地考察③，这就导致了网贷投资

① 平安陆金所. 公司介绍［EB/OL］.（2012 - 03 - 01）［2021 - 07 - 08］. https://www. lu. com/about/aboutus. html.

② 牛龙. P2P 网络借贷平台的风险控制研究［D］. 武汉：中南财经政法大学，2018.

③ 莫易娴. P2P 网络借贷国内外理论与实践研究文献综述［J］. 金融讲坛，2012（12）：28 - 32.

人的投资决策大部分都是基于互联网信息的，其中舆情信息就成了一个重要方面。

一、陆金所网络舆情基本信息

根据网贷之家提供的网贷舆情搜索工具（yuqing. wangdaizhijia. com），以“陆金所”为关键词，分别搜索过去一年以内和一年之前所有 QQ 群、论坛、新闻和微博中，内容及标题含有陆金所关键词的查询结果，如表 10. 2 所示。

表 10. 2　陆金所网贷舆情查询基本信息条数

单位：条

时间跨度	总计	QQ 群	论坛	新闻	微博
1 年以内	10884	6316	1907	2514	147
1 年之前	3975	950	1770	1243	12

由于该搜索工具未详细说明 QQ 群、论坛、新闻和微博的具体范围，因此该查询结果仅大致查询出相应的结果，从中可以看出，相比一年之前，近一年以内总计的信息条数相比一年之前有了明显的上升，尤其是 QQ 群和微博的信息条数明显增多，说明用户利用这两大媒介交流陆金所的话题最多。

根据我国最大的搜索引擎网站百度的统计数据，搜索指数反映了用户在互联网上对陆金所的关注程度及持续变化情况，以网民在百度的搜索量为数据基础，以关键词“陆金所”为统计对象，分析并计算出含有关键词“陆金所”在百度网页搜索中搜索频次的加权和。从图 10. 1 中可以看出，从 2015 年到 2019 年，用户对含有“陆金所”关键词的搜索量呈现上升的趋势，近年来有所波动。

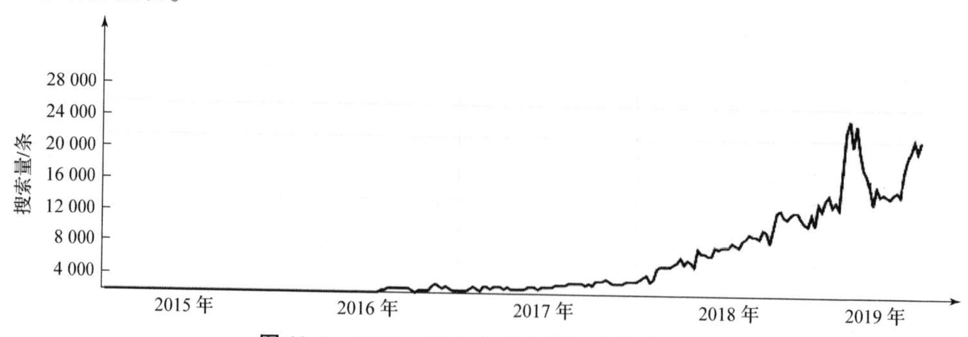

图 10. 1　2015—2019 年陆金所百度搜索指数

根据百度搜索收集各个互联网新闻媒介对含有关键词“陆金所”的报道，媒体指数反映了媒体在互联网上对关键词“陆金所”的关注及报道程度及持续变化情况，以各个互联网媒体报道的新闻中，与关键词“陆金所”相关的被百度新闻频道收录的数量，采用新闻标题包含关键词为统计标准。从图 10.2 可以看出，2019 年之前，各大互联网媒体对含有关键词“陆金所”的新闻报道较少，2019 年 1 月到 3 月对含有关键词“陆金所”的新闻报道增多，原因可能是 3 月在报道陆金所的相关新闻中，出现了陆金所 2.5 亿元坏账的负面新闻。总体上，互联网新闻媒体对陆金所的报道不是很多。

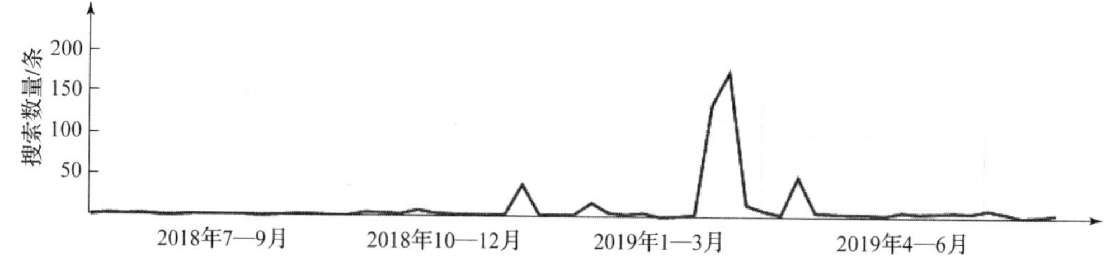

图 10.2　2018 年 7 月到 2019 年 6 月陆金所媒体指数

二、陆金所网络舆情关联度分析

关联度分析一般是指反映搜索特定关键词的用户，还有哪些其他需求，可以针对特定关键词的相关词及用户浏览目标选择进行聚类分析而得到相似的结果，从中可以得出大多数用户在搜索某一特定关键词时，主要关心哪些方面的话题。

根据用户在百度搜索含有关键词“陆金所”的结果，依据百度大数据分析得出 2018 年 7 月到 2019 年 7 月用户搜索关键词“陆金所”时，大多数用户可能会搜索或浏览的主要相关词。图 10.3 显示了用户在搜索含有“陆金所”的关键词时，搜索需求量最多的相关词是“登录”和“可靠”；而用户在搜索关键词“陆金所”时，“宜信”“官方网站”等相关词的搜索需求量在上升，“注销”“手续费”等相关词的搜索需求量在下降。该聚类分析词云图清晰地显示了当用户在搜索关键词“陆金所”时，最关心的是登录和安全可靠等相关话题。

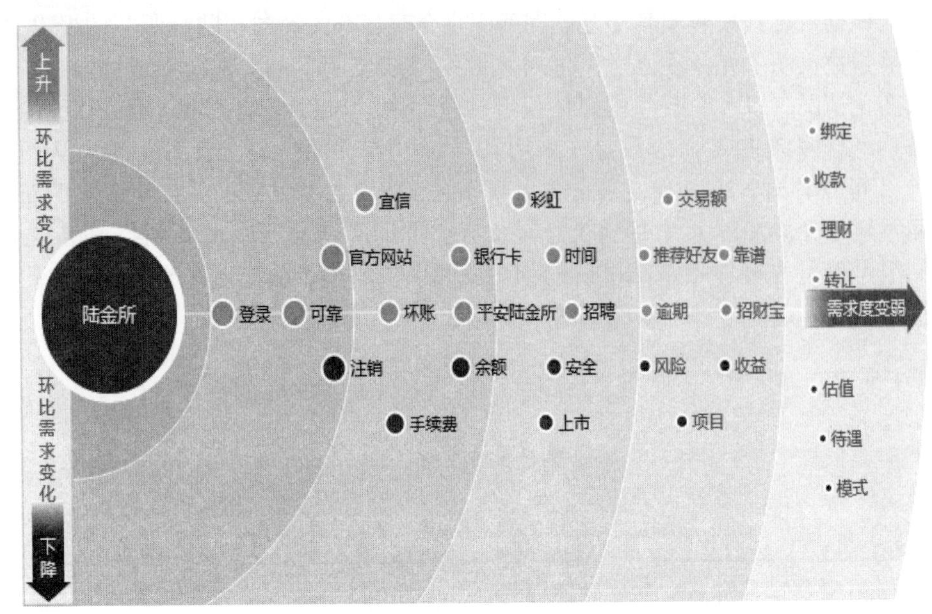

图 10.3　2018 年 7 月到 2019 年 7 月陆金所关联度聚类分析词云图

依据百度大数据技术，图 10.4 反映了用户在百度搜索含有“陆金所”的关键词时，绝大多数用户可能会搜索的其他关键词，关键词“陆金所”的相关检索词是用户在搜索含有“陆金所”的关键词时，同时还搜索过的其他关键词。从图 10.4 中可以看出用户在搜索含有“陆金所”的关键词时，同时还会搜索其他 P2P 小额借贷平台，如拍拍贷、人人贷等，其相关检索热度排在前两位。另外，用户在搜索含有“陆金所”的关键词时，也会搜索与陆金所相关的一些话题，如“陆金所官方网站”“陆金所 2.5 亿坏账”“陆金所登录”“陆金所可靠吗”等相关检索词，其检索热度较高。

三、陆金所网络搜索地域分布与人群属性

依据百度大数据技术统计得出的用户搜索关键词“陆金所”的地域分布如图 10.5 所示。从图 10.5 可以得出，上海、北京、广东、江苏、浙江等经济发达地区的用户搜索关键词“陆金所”的比例较高，中部地区的用户搜索关键词“陆金所”较少，其余地区则几乎没有。这说明陆金所的投资者大部分集中于东部沿海发达地区。

图 10.4　陆金所相关检索词

根据百度大数据技术统计得出的对关键词“陆金所”搜索的人群中，男性用户占到93%，女性用户仅占到7%。在年龄分布上，30～39 岁的男性占多数，其次是 20～29 岁的男性（如图 10.6 所示）。从中可以推测出陆金所的投资者主要是 30～39 岁的男性。

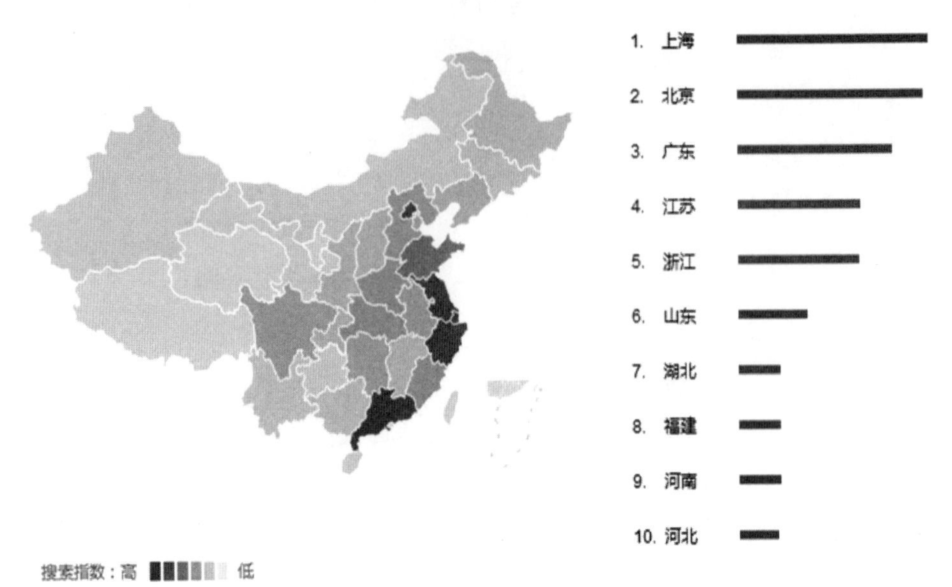

图 10.5　陆金所网络搜索地域分布

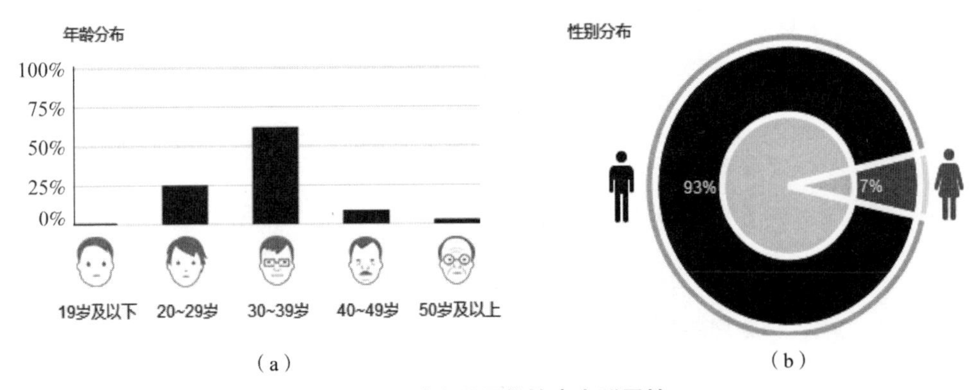

(a)　(b)

图 10.6　陆金所网络搜索人群属性

第三节　陆金所的用户信息分析

为了使分析结果更加权威准确，选取陆金所和其他两家知名的网络借贷平台进行比较研究，分别是陆金所、拍拍贷和宜人贷，从这三个网络借贷平台上各收集了200个顺利发布的借款标和借款人信息。数据收集时间为2019

年 2 月到 2019 年 4 月。

一、网络平台基本信息比较

每个平台信息公布的程度不同，所以收集到的信息也有所差异，大致可以分为用户基本信息、平台交易情况、个人经济状况（见表 10. 3）。

表 10. 3　用户基本信息

	项目	陆金所	拍拍贷	宜人贷
用户基本信息	性别	√	√	√
	年龄	√	√	√
	学历	√	√	√
	婚姻	√	√	√
	身份认证	√	√	√
	是否显示有担保方	√	√	—

从表 10. 3 可以看出三个网贷平台在基本信息方面公开得很详细，披露了借款人的性别、年龄、学历、婚姻等，陆金所和拍拍贷还提供了第三方担保。

从表 10. 4 可以看出陆金所和拍拍贷提供的平台交易情况比宜人贷更详细，宜人贷只提供了借款总额，而陆金所和拍拍贷还提供了申请借款、成功借款、还清借款笔数和待还本息金额的情况。

表 10. 4　平台交易情况

	项目	陆金所	拍拍贷	宜人贷
平台交易情况	申请借款/笔	√	√	—
	成功借款/笔	√	√	—
	还清笔数/笔	√	√	—
	借款总额/元	√	√	√
	待还本息/元	√	√	—

由表 10. 5 可以看出，在个人经济状况方面，陆金所和拍拍贷把收入、房产和车产都提供出来，而宜人贷只提供了借款人的收入情况，从这方面来说，网络平台能提供借款人更多的经济状况，有利于出借人有效地作出能否出借的决定。

表 10. 5　个人经济状况

	项目	陆金所	拍拍贷	宜人贷
个人经济状况	收入	√	√	√
	房产	√	√	—
	车产	√	√	—

二、网络平台用户样本数据分析

表 10. 6　网络借贷平台相关描述统计量

网贷平台/个	借款信息	全距	极小值	极大值	均值
陆金所样本数量（200）	借款金额/元	84200	10000	94200	47415. 00
	年利率/%	3. 20	10. 00	13. 20	12. 0350
	借款期限/月	30	6	36	25. 95
拍拍贷样本数量（200）	借款金额/元	280000	20000	300000	70450. 00
	年利率/%	1. 50	10. 50	12. 00	11. 1025
	借款期限/月	18	6	24	13. 70
宜人贷样本数量（200）	借款金额/元	198500	12600	211100	72655. 00
	年利率/%	2. 45	10. 05	12. 50	11. 6775
	借款期限/月	30	18	48	33. 30

由表 10. 6 可以看出，在每个平台选择的 200 样本数据中，宜人贷的借款金额平均值最大为 72655. 00 元，其次是拍拍贷，为 70450. 00 元，最后是陆金

所，为 47415.00 元。陆金所的年利率平均值最大，为 12.035%；其次是宜人贷，为 11.6775%；最后是拍拍贷，为 11.1025%。借款期限平均值最大的是宜人贷，为 33.3 个月；其次是陆金所，为 25.95 个月；最后是拍拍贷，为 13.70 个月。

为了更清楚地掌握出借人出借资金的依据，笔者对三个网络借贷平台的 200 个网络借贷的借款金额样本进行了相关性分析，分析如下见表 10.7。

表 10.7 借款金额与其他因素的相关性分析

	陆金所	拍拍贷	宜人贷
借款金额相关性分析	与年利率负相关	与年利率负相关	与年利率负相关
	与还款期限正相关	与还款期限正相关	与还款期限正相关
	与待还本息正相关	与待还本息正相关	—
	与月收入水平正相关	与月收入水平正相关	与月收入水平正相关
	与成功借款数正相关	—	—
	与还清笔数正相关	—	—

由表 10.7 可知，三个网络借贷平台有相似之处，借款人出借资金，会看借款人的待还本息余额，当借款者的待还本息余额较多时，出借者就不会对借款标进行投资；当借款人的收入水平较高时，往往会得到出借者更多的关注，因为当借款者的收入有保障时，其还款的速度也能得到保证。收集的样本中，陆金所的借款方有多次借款的，当借款人多次借款，出借人会关注借款人的还款次数即信誉额度，从而决定是否投资。

第四节 对 P2P 小额借贷平台的发展建议

通过以上对网络借贷平台陆金所的舆情分析可知，平台的安全性和可靠性始终是用户最为关心的一个问题。P2P 网络借贷是一个新兴的金融模式，才刚刚开始发展，通常一个新事物的产生，总是伴随着各种问题，国内对网络借贷并没有明确的法律监管，因此除了依靠法律进行有效的行业监管之外，要真正解决问题可以从以下三个方面考虑：

1. 完善法律法规，建立多层监管体系

网络借贷正在发展之中，缺乏相应的法律法规监管，运营时会出现许多问题，所以网络借贷平台要是没有法律监管和保护，其在给人带来便利的同时，也会给人带来不必要的担心和忧虑。要让更多的人严格地遵守网络借贷的规则，国家就应该尽快出台相关政策，P2P 网络借贷平台是一个金融中介，对于其地位，法律应该对其有个明确的定义，对其进行保护，让其拥有法律效力。

2. 建立自身的行业自律组织

网络借贷市场的发展已经被连续发生的 P2P 风险事件严重影响，使行业处于不主动的境界。如今，网络借贷需要政策的监管，让行业自身达到自律的效果，减少恶性事件扰乱行业秩序。要出台一个完美的行业管理制度，在短时间内是无法完成的，P2P 网络借贷尽管最近几年才开始在国内流行，但也有一定的发展经验，因此可以先实行基础的行业规定，例如，准入门槛和业务范围需确定好，按时在网上公布可靠信息，企业的经营管理要规范等。2011 年，P2P 网络借贷的第一家自律组织诞生，由北京大学立法学研究中心、北京大学金融信息化研究中心、贷帮、宜信公司、人人贷 5 家机构联合发起的“中国小额信贷服务中介机构联席会”，对四十几家网络借贷机构的自律情况进行监督，并且对整理业务所形成的数据，进行汇总。[①] 中国小额信贷联盟为了能更清楚地了解网络借贷的发展状况，正计划推出更好的信息交流平台，以期对网络借贷发展情况更了解。[②]

3. 完善市场环境

P2P 网络借贷要能正常发展必须要有良好的市场环境作为支撑，网络借贷在我国刚刚发展，但近几年网贷平台数量有显著增长。用户在网贷平台注册账号，网贷平台必须要求用户实名制注册，并且要经过个人征信系统认证，以保证填写信息的真实性。另外，网贷平台需要第三方担保机构，网贷平台每日交易资金量较大，借贷款人都存在信用风险，资金偿还不能得到完全保证，为了保证网络借贷平台能正常运行，必须有良好的市场环境和经济条件。

---

① 何晓玲，王玫．P2P 网络借贷现状及风险防范［J］．金融视线，2013（7）：79-82．

② 罗杨．我国 P2P 网络借贷的风险管理体系的构建［D］．杭州：浙江理工大学，2014．

基于陆金所、拍拍贷和宜人贷的用户信息分析，可以看出对于完善网络借贷主体信用体系的重要性，具体可以从以下几个方面加强管理：

（1）建立信用体系降低借款人的信用风险

我国应加强信用体系的建设，充分利用现有的信用体系。将银行和公安系统等部门所掌握的公民个人信息和网络借贷信息结合起来，加强公民的信用意识，从源头上提高我国的公民信用状况，减少信用缺失状况的发生。另外，出借人可以利用借款人的社交关系等对借款人进行约束。为了保证借款人提供证件等信息的真实性，在有可能的情况下，借贷平台可以让借款人或者办理业务的人员直接接触。

总的来说，银行面临的风险程度要低于 P2P 网络借贷面临的风险，所以在风险管理方面，网络借贷平台要更加严谨。第一，网络借贷平台应实行第三方资金管理平台，建立存款保险金制度，为了赔偿出借人用坏账所受的损失，必须准备相应的风险准备基金。再者，出借人应意识到资金分散投资的重要性；与此同时，在与借款人交流时，应大量获取更重要的信息，加强对借款人的信息审核。最后，出借人应对网络借贷平台深入了解，要在确保此网络平台可靠的情况下进行投资。

（2）对出借人加强监管

现在主要是网络借贷平台对贷款人进行监管，但是网络借贷平台在这方面做不到位，网贷平台负责对借款人基本信息进行登记审核，相比对借款人的审核，对出借人的信息审核较为宽松。网络平台每日交易金额很庞大，出借人洗钱问题也日益严重，要解决出借人洗钱问题，仅仅依靠网络借贷平台监管是不够的，必须由政府有关部门介入监管。

（3）对网络平台的准入条件进行调整

网络借贷进入的门槛是比较低的，因此，很多人都能进入，所以给很多人带来了便利，但有利也有弊，相对于传统金融模式，这种模式能给大部分需要资金的人带来便利，而且操作步骤很简单，不像传统的金融模式那么烦琐，如要填写各种单子、各种保证，但也因此带来很多的信用问题。① 网络借贷既然是金融模式，就应按照正规的金融模式去运行，必要的手续和流程是

① 王国梁．互联网金融 P2P 网络借贷模式的风险和监管路径探析［J］．金融科技，2014（8）：26-29.

不能缺少的，政府监管部门可以适当地对网络借贷平台的准入条件进行规范和调整，规范化网络借贷平台准入，让其能有更好的发展。

（4）网络借贷平台可以和担保公司或保险公司等合作来分散风险

因为网络借贷平台提供的是不需要抵押的借贷，所以当借款人出现信用问题，没有按期还款的话，那么网络借贷平台就要想办法对投资人进行相应的资金补偿，其中，网络借贷平台就会有很大的负担，所以这个问题必须要从根本上找到解决的方法。网络借贷平台应该和担保或者保险公司合作，由第三方来收取借贷过程中所产生的一切费用，这些费用聚集起来就会形成一个很大的资金量，当有借款人违约时，就可以用这个资金量来弥补损失，对于贷款人，就会有第三方来继续追究其违约行为。[①]

另外，网络平台公司要对注册者的信息进行审核，要进行判断，主要是看借款人的信用如何，最后在平台上公布出来。在这个环节出了差错，会导致交易风险加大等一系列的问题。

第五节　总结与展望

本章的研究内容可以较为全面地为陆金所的网贷投资人提供投资决策方面的参考依据，也可以为政府、行业监管部门制定监管政策、进行行业研究、把握行业最新动态提供重要的参考。总体上来说，陆金所作为我国最大的一家 P2P 网络借贷平台，依托中国平安集团强大的资金支持，当前发展得较为规范和有序，是一个适合网贷投资人投资的平台。

从大趋势来看，P2P 网络借贷属于新兴产业，处于雏形阶段。随着时间的发展肯定会遇到很多的艰难险阻。但是最终会突破这些阻碍迎来新发展。现在 P2P 处于有些混乱的状态，缺乏有效的规范，P2P 的健康发展可能会诞生一些理财公司。国家颁布法律法规，建立相关的监管机构，这样一些不法机构就会受到法律的制裁。经过筛选洗礼之后，一些信誉高、实力强的公司一定会兼并一些信誉低、规模小的公司。并且专注做平台的 P2P 公司将引进和培育一批金融服务机构进行合作，如银行、证券公司等传统的金融机构，从而优化产业链，形成一个巨大的互联网金融产业集群。

---

① 钱金叶，杨飞. 中国 P2P 网络借贷的发展现状及前景［J］. 金融论坛，2012（11）：68-70.

P2P 要发展需要规范化，首先规范发展需要建立相关的监管机构，要对它进行归类。目前 P2P 不属于金融机构，因为金融机构一般有准入条件，把它纳入信息服务行业比较合适。其次要建立信息服务行业协会，要想 P2P 行业健康发展从自身做起是尤为重要的。假如 P2P 网络借贷发展越来越规范，互联网金融创新就会释放出无穷的能量，给国家金融领域注入新的活力。P2P 网络借贷是一个新兴的商业模式，值得去发展和投资，对于小型企业和个人资金链脆弱等问题能够及时解决，如今网络借贷平台的迅速增加，但相关法律法规却没能及时跟进和建立，使之成为一个泡沫很多的商业模式，银监会和工商会却一直持观望态度，小额信贷联盟的产生使之有了些许希望，但想要真正实现正规发展还需要很长时间。在网络借贷发展的阶段，政府应积极引导，要加强对风险的管控。利用网络平台进行信息交流能帮助小型企业节约成本，规范指导。相信未来 P2P 网络借贷会成为电子商务、第三方支付、团购后另外一种被大众认可并频繁使用的新型经济模式。

第四部分　基于大数据的中国互联网治理政策分析

20世纪90年代中期，我国出台了一系列政策法规来规范对互联网的治理，这些政策法规是20多年来不断发展的中国互联网治理体系演化过程的重要印记。随着网络强国战略、“互联网+”行动计划、大数据战略的深入实施，我国互联网治理政策和法规也在与时俱进。本部分内容主要包括以下两个方面：首先对大数据背景下中国互联网治理政策文件进行梳理；其次介绍基于大数据的中国互联网治理政策工具和方法。

第十一章 大数据背景下中国互联网治理政策文件梳理

党的十八大以来特别是党的十八届三中全会以来，国家先后颁布和制定了《中华人民共和国网络安全法》《国家网络空间安全战略》《互联网信息服务管理办法》《关于加强网络信息保护的决定》《互联网直播服务管理规定》等网络法律法规与相关制度性文件，逐步完善的法律体系将保障我国的互联网未来始终在法治的轨道上健康运行。另外，要加强互联网执法，确保执法必严。习近平总书记强调："要依法加强网络社会管理，加强网络新技术新应用的管理，确保互联网可管可控，使我们的网络空间清朗起来。"由此可以看出，互联网治理具体政策的制定事关我国互联网的安全和发展，对我国的国家安全和治理能力现代化的提升具有重要作用。本章主要介绍我国互联网治理有关政策文件的基本内容。

第一节 中国互联网治理政策的概述

"十三五"时期，是我国互联网蓬勃发展、硕果累累的5年。5G通信从无到有，网络、信息等技术加速向产业渗透，平台经济、共享经济蓬勃发展，线上线下快速融合，互联网以不可阻挡之势，与各行各业全面融合。由中国信息通信研究院发布的《全球数字经济新图景（2019年）》白皮书显示，我国数字经济规模在2018年达到31万亿元，占国内生产总值的比重达1/3，对GDP增长的贡献率达67.9%。[①] 随着信息技术和数字经济的发展，各种互联网

① 中国信息通信研究院. 全球数字经济新图景（2019年）[R/OL].（2019-10-11）[2021-07-08]. http://www.caict.ac.cn/kxyj/qwfb/bps/201910/t20191011_214714.htm.

技术的日新月异，如互联网 + 零售、互联网 + 餐饮、互联网 + 医疗、互联网 + 教育等新技术层出不穷，因此互联网治理的有效性依托互联网政策的及时出台，能够针对互联网技术的发展出台相应的政策文件。

1994 年生效的《中华人民共和国计算机信息系统安全保护条例》（国务院令第 147 号）被公认为我国首个互联网官方政策。此后，全国人大、国务院政府部门、行业主管部门等纷纷制定了以维护互联网安全、稳定、健康发展为目标的法律、法规、规章等各类政策文件，形成了相对系统、有效的互联网政策体系，成为国家进行互联网治理的有力工具。

2000 年 9 月 30 日，我国发布《互联网信息服务管理办法》，同年 12 月 28 日出台互联网治理的第一部法律《全国人民代表大会常务委员会关于维护互联网安全的决定》。在我国互联网治理的政策体系中，早期互联网治理政策文件的议题主要集中于计算机信息系统安全，安全问题从一开始就受到互联网治理的重视。

2015 年十二届全国人大三次会议上，李克强总理在政府工作报告中首次提出“互联网 +”行动计划，随后国务院部署出台了《关于积极推进“互联网 +”行动的指导意见》，各部委结合各自领域积极响应“互联网 +”行动，我国中央层面出台了多部关于“互联网 +”的政策文件，如表 11.1 所示。

表 11.1　中央层面部分“互联网 +”政策文件

年份	发布单位	政策名称
2018	国务院办公厅	关于促进“互联网 + 医疗健康”发展的意见
2018	民政部	关于印发《“互联网 + 社会组织（社会工作、志愿服务）”行动方案（2018—2020 年）》的通知
2018	知识产权局	关于印发《“互联网 +”知识产权保护工作方案》的通知
2017	国务院	关于深化“互联网 + 先进制造业”发展工业互联网的指导意见
2016	国务院办公厅	关于深入实施“互联网 + 流通”行动计划的意见
2016	国务院	关于加快推进“互联网 + 政务服务”工作的指导意见
2015	国务院	关于积极推进“互联网 +”行动的指导意见
2015	国家旅游局	关于实施“旅游 + 互联网”行动计划的通知

2016 年 11 月通过的《中华人民共和国网络安全法》规定了网络空间主权的原则，明确了网络安全监管部门的职权及义务，明确了网络产品和服务提供者、网络运营者的安全义务，建立了关键信息基础设施安全保护制度，确立了关键信息基础设施重要数据跨境传输的规则等。同年 12 月发布的《国家网络空间安全战略》系统论述了我国网络空间安全的机遇和挑战、目标、原则、战略任务，阐明了我国关于网络空间发展和安全的重大立场和主张，切实维护国家在网络空间的主权、安全、发展利益，提出我国网络空间安全战略目标。

随着共享经济、网络直播、物联网、人工智能（AI）、虚拟现实（VR）、增强现实技术（AR）等新技术、新应用的迅猛发展，以及网络强国战略、“互联网+”行动计划、大数据战略的深入实施，我国移动互联网发展的政策和法规也在与时俱进。2017 年 1 月 15 日，中共中央办公厅和国务院办公厅印发《关于促进移动互联网健康有序发展的意见》，从推动移动互联网创新发展、强化移动互联网驱动引领作用、防范移动互联网安全风险等几个方面，为促进我国移动互联网健康有序发展提出了意见。

党的十九大制定了面向新时代的发展蓝图，提出要建设网络强国、数字中国、智慧社会，推动互联网、大数据、人工智能和实体经济深度融合，发展数字经济、共享经济，培育新增长点、形成新动能。习近平总书记在十九大的报告中八次提到了互联网发展和治理的相关内容，并围绕互联网与信息化战略做出了一系列重大安排。①

2019 年 1 月 10 日，国家互联网信息办公室发布了《区块链信息服务管理规定》，体现出我国对区块链行业和相关活动的立法制规和监管方面的积极态度，旨在明确区块链信息服务提供者的信息安全管理责任，规范和促进区块链技术及相关服务健康发展，规避区块链信息服务安全风险，为区块链信息服务的提供、使用、管理等提供有效的法律依据。

2019 年 9 月 1 日，国家互联网信息办公室、国家发展和改革委员会、工业和信息化部、财政部联合发布了《云计算服务安全评估办法》，旨在提高党政机关、关键信息基础设施运营者采购使用云计算服务的安全可控水平，降低采购使用云计算服务带来的网络安全风险，从而增强党政机关、关键信息

① 汪玉凯. 十九大“互联网八题”建网络强国［J］. 网络传播，2018（1）：28-29.

基础设施运营者将业务及数据向云服务平台迁移的信心。《云计算服务安全评估办法》的出台，是国家持续推动云计算产业健康发展和市场规范化运行、提升云安全服务能力的重要体现。

2019 年 12 月 15 日，国家互联网信息办公室审议通过《网络信息内容生态治理规定》。首次提出了“网络生态治理”的理念，系统综合地对治理的对象、治理标准、相关主体的义务职责、法律责任以及监管合作等内容进行了详细的规定。《网络信息内容生态治理规定》的颁布，集中体现了习近平总书记关于“网络安全工作要坚持网络安全为人民、网络安全靠人民，保障个人信息安全，维护公民在网络空间的合法权益”的重要指示精神，以网络信息内容为主要治理对象，以建立健全网络综合治理体系、营造清朗的网络空间、建设良好的网络生态为目标，突出了“政府、企业、社会、网民”等多元主体参与网络生态治理的主观能动性，重点规范网络信息内容生产者、网络信息内容服务平台、网络信息内容服务使用者以及网络行业组织在网络生态治理中的权利与义务，这是我国网络信息内容生态治理法治领域的一项里程碑事件。

表 11.2 归纳了我国中央层面颁布的有关互联网治理的重要政策文件，自 1994 年至今我国颁布的互联网治理政策文件的统计情况见附录 1，有关互联网治理的重要政策文件见附录 2。

表 11.2　国家层面关于互联网治理的部分重要政策文本

年份	发布单位	政策名称
1994	国务院	计算机信息系统安全保护条例
2000	国务院	互联网信息服务管理办法
2000	全国人大常委会	关于维护互联网安全的决定
2004	全国人大常委会	中华人民共和国电子签名法
2011	工业和信息化部	规范互联网信息服务市场秩序若干规定
2012	全国人大常委会	关于加强网络信息保护的决定
2016	全国人大常委会	中华人民共和国网络安全法

续表

年份	发布单位	政策名称
2017	中共中央办公厅、国务院办公厅	关于促进移动互联网健康有序发展的意见
2017	中共中央办公厅、国务院办公厅	推进互联网协议第六版（IPv 6）规模部署行动计划

第二节　大数据背景下中国互联网治理政策文件

党的十九大报告指出，高度重视传播手段建设和创新，提高新闻舆论传播力、引导力、影响力、公信力。加强互联网内容建设，建立网络综合治理体系，营造清朗的网络空间。作为拥有近10亿网民的网络大国，互联网在国内经历数十年的发展，从早期的论坛、博客、新闻跟帖、网民留言板到今天的微博、微信、短视频、公众号等，已经形成较为复杂的信息交互链与舆情发酵生态，考验着国家的互联网治理能力，新技术应用成为互联网治理的重点。

在大数据和人工智能技术的驱动之下，互联网的内容采集、传播和推送呈现“智媒化”趋势，智媒平台迅速崛起成为最具影响力的内容生产分发渠道，其内容生产与用户规模日益庞大。仅腾讯微信一家，每天的登录用户就高达9亿人，发送的信息内容高达380亿次。而风头强劲的“今日头条”，2018年2月的用户活跃度是2.63亿。在此背景之下，内容生产模式和渠道日趋多元，不断创新。除“两微一端”（微博、微信、新闻客户端）外，网络直播、网络自制剧等内容产业蓬勃发展，内容的生产、传播和消费呈现出旺盛的势头。①

中共中央政治局就实施国家大数据战略进行第二次集体学习时，习近平总书记强调，要运用大数据提升国家治理现代化水平。要建立健全大数据辅助科学决策和社会治理的机制，推进政府管理和社会治理模式创新，实现政

---

① 王威. 大数据时代的互联网内容建设与治理［N］. 中国社会科学报，2018-05-17.

府决策科学化、社会治理精准化、公共服务高效化。要加强互联网内容建设，建立网络综合治理体系，营造清朗的网络空间。

在全球信息化快速发展的大背景下，数据作为国家基础性战略资源的重要地位已得到社会普遍认可。利用大数据推进国家治理现代化，我国做出了非常及时的战略响应。国务院《促进大数据发展行动纲要》深刻认识到大数据正日益对全球生产、流通、分配、消费活动以及经济运行机制、社会生活方式和国家治理能力产生重要影响，数据作为基础性资源、重要生产要素和新生创新动力的作用日益彰显。①

党中央、国务院高度重视大数据在推进经济社会发展中的地位和作用。2014 年，大数据首次写入政府工作报告，大数据逐渐成为各级政府关注的热点，政府数据开放共享、数据流通与交易、利用大数据保障和改善民生等概念深入人心。此后国家相关部门出台了一系列政策，鼓励大数据产业发展。2015 年 7 月 1 日，国务院办公厅发布了《关于运用大数据加强对市场主体服务和监管的若干意见》；9 月 5 日，国务院发布了《促进大数据发展行动纲要》。这几份重磅文件密集出台，标志着我国大数据战略部署和顶层设计正式确立。近年来，我国国家层面颁布的有关互联网大数据治理的重要政策文件如表 11.3 所示。

表 11.3　互联网大数据治理的重要政策文件

年份	发布单位	政策名称
2015	国务院	关于印发促进大数据发展行动纲要的通知
2015	国务院办公厅	关于运用大数据加强对市场主体服务和监管的若干意见
2016	国务院办公厅	关于促进和规范健康医疗大数据应用发展的指导意见
2016	国家发改委办公厅	关于组织实施促进大数据发展重大工程的通知
2016	农业部	关于推进农业农村大数据发展的实施意见
2016	国务院	关于印发“十三五”国家信息化规划的通知
2017	国家发改委	大数据产业发展规划（2016—2020 年）

① 翟云．中国大数据治理模式创新及其发展路径研究［J］．电子政务，2018（8）：12-26.

续表

年份	发布单位	政策名称
2017	工业和信息化部	云计算发展三年行动计划（2017—2019年）
2017	公安部	关于深入开展“大数据+网上督察”工作的意见
2018	工业和信息化部	推动企业上云实施指南（2018—2020年）
2018	国务院	科学数据管理办法

第十二章 基于大数据的中国互联网治理政策工具和方法

第一节 治理政策工具

对互联网治理政策的研究，一些学者提出了政策工具或称为政府工具的研究方法，是在既定的政策环境下，政策执行者为解决政策问题、达成政策目标、实施政策方案等采取的具体手段和方式①，其是在20世纪50年代中期由达尔和林德布洛姆提出来的。② 政策工具在众多领域有着广泛的运用，郑文静（2020）等③从政策体系角度出发，对国家卫生城市创建的政策优化提出建议。采用内容分析和定量分析的方法，根据政策工具的理论和视角，以卫生城市创建政策的二维分析框架为基础，对纳入的政策文本进行研究。翟燕霞和石培华（2021）④ 以27份健康旅游产业政策文本为样本，借助质性软件NVivo，运用内容分析法，按照二维分析框架构建、词频统计分析、政策工具编码等步骤，从基本政策工具和“健康中国”战略两个维度对政策文本进行量化分析。翟东堂和霍佳伟（2021）⑤ 以中国光伏产业政策为例，运用政策

---

① 顾建光. 公共政策工具研究的意义、基础与层面［J］. 公共管理学报，2006，3（4）：58-61.

② Dahl R A . Politics, Economics, and Welfare［J］. The American Catholic Sociological Review, 1953, 14（3）：187.

③ 郑文静，么鸿雁，刘剑君，等. 基于政策工具的卫生城市创建政策文本量化研究［J］. 中华预防医学杂志，2020，54（9）：988-992.

④ 翟燕霞，石培华. 政策工具视角下我国健康旅游产业政策文本量化研究［J］. 生态经济，2021，37（7）：124-131.

⑤ 翟东堂，霍佳伟. 政策工具选择的影响因素研究：以中国光伏产业政策为例［J］. 石家庄学院学报，2021，23（4）：46-54.

文本量化分析方法，从295份光伏政策文献中提取出政策工具选择的影响因素并进行频数统计和实证分析。

政策工具是政府治理的手段和途径，是实现政策目标的基本保证，政策工具的正确选择和有效协同是新型事务治理中需要着重解决的问题，也是关系到公共政策能否实现预期政策目标和政策效果的重要一环。观测政策工具的变迁是理解、评估和改善我国政府在互联网信息服务治理方面行为的切入点，对提高我国政府互联网信息服务治理水平具有重要价值。① 在互联网治理领域，也有众多学者运用互联网政策工具进行研究。孙宇和冯丽烁（2017）② 采用文本分析法，以280份政策文件为分析对象，构建了政策议题、政策主体及公共政策价值取向三大分析单元，对政策类型、政策周期、发文单位和政策关键词进行了统计分析。邓可（2019）③ 以中央层面163份互联网治理政策文件为分析对象，采用政策文本分析法，运用Nvivo 11 Plus质性分析软件，构建政策演进、政策主体、政策内容、政策目标四大分析模块，通过社交网络分析、政策参照网络分析、政策内容编码分析和词语云分析等获得探索性结论。李文娟等（2019）④ 以1994—2018年国家发布的194份互联网信息服务政策为数据样本，运用内容分析法，从政策工具强制程度和协同程度两个指标探讨了不同时期互联网信息服务政策工具的运行结构及变迁机理。黄丽娜和黄璐（2020）⑤ 为了梳理我国互联网政策工具的应用情况，反思如何选择和运用适配的政策工具以应对日益复杂的网络空间治理问题，构建一个包含政策工具类别、互联网层级、时间序列在内的三维互联网政策工具理论分析框架，以1994—2017年25年间213份中央层面的互联网政策文件作为研究样本，通过内容分析法展开研究。

---

① 李文娟，王国华，李慧芳. 互联网信息服务政策工具的变迁研究：基于1994—2018年的国家政策文本［J］. 电子政务，2019（7）：42-55.

② 孙宇，冯丽烁. 1994—2014年中国互联网治理政策的变迁逻辑［J］. 情报杂志，2017，36（1）：87-91+141.

③ 邓可. 中国互联网治理的政策文本分析：基于NVivo的质性研究［J］. 福建行政学院学报，2019（4）：50-61.

④ 李文娟，王国华，李慧芳. 互联网信息服务政策工具的变迁研究：基于1994—2018年的国家政策文本［J］. 电子政务，2019（7）：42-55.

⑤ 黄丽娜，黄璐. 中国互联网治理的政策工具：型构、选择与优化：基于1994—2017年互联网政策文本的内容分析［J］. 情报杂志，2020，39（4）：90-97+73.

第二节　基于大数据的中国互联网治理政策研究方法

对互联网治理政策文本的研究，目前主要采取内容分析法、文献研究法、比较研究法等通用的研究方法，而结合大数据技术对政策文本的研究，采用的是机器学习的相关技术，如数据挖掘技术、人工神经网络、贝叶斯学习等，本节将介绍两种常用的基于大数据的政策文本分析方法。

一、文本挖掘技术

文本挖掘是从数据挖掘领域演变过来的，因为许多有价值的信息散布在文本数据中，而文本挖掘技术可以高效、快速地将这些信息提取出来，接着将抽取到的信息转化为有组织的知识。在处理图像、生物基因组合与信息挖掘等领域中，文本挖掘技术是重要的技术，这一观点是在 1998 年底在国家重点研究发展规划中作为首批实施项目指出来的。

文本挖掘将多个学科多个领域多种技术交织在一起，其中涉及的知识技术有梳理统计学、计算机、概率统计、图像排列、数据挖掘等。文本挖掘技术与文字处理技术相辅相成，进而可以分析海量的客户信息、职业信息、文档等非结构化文本数据，通过文字间的种种关系建立关系表并按照关系表的内容对文本数据进行聚类或者分类，进而获得有组织的知识和有组织的信息。

文本挖掘的过程是将纷繁复杂的大量资料进行有效信息的提取。首先，要将科技创新政策的相关政策文本进行收集汇总，保证文本分析范畴的完整性。其次，要根据研究需要进行特征提取，进而对文本进行分类和聚类，以实现文本结构的呈现，便于研究者全面审视已有的政策分布与演进过程。文本挖掘流程如图 12. 1 所示。

在进行预处理的过程中，所面对的大量原始资料需要结合科学的算法，包括数据挖掘、机器学习和特定知识的提取等。

(1) 文本预处理常用技术

文本表示：一般来说，文本挖掘对数据的形式有一定的要求，在预处理过程中将大量的原始文本资料转变为计算机可以处理的模式，在这个过程中专业术语是文本表示，常见模型为概率模型、概念模型以及向量空间模型。文本表示主要采用概率模型。

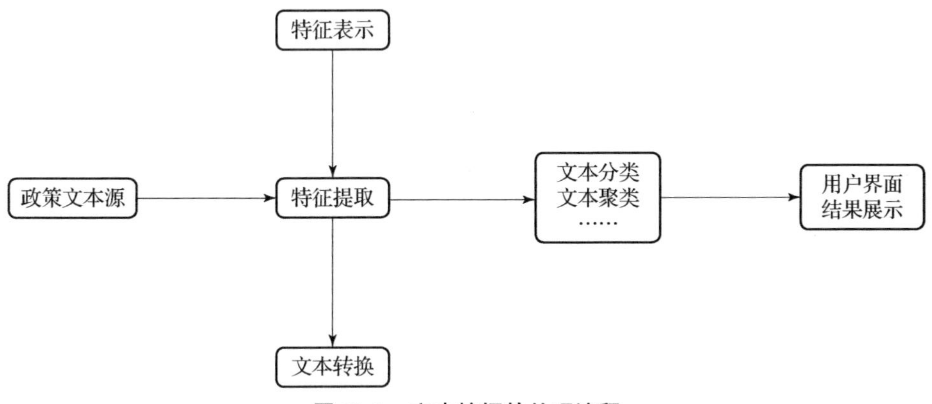

图 12.1　文本挖掘的处理流程

分词方法：英语单词之间一般会存在空格，进行预处理的时候一般需要抽取词干与删除停用词。在进行中文文本分析的时候，首先要对文本分词，即将集中在一起的中文字符分割成单独的字与词。当下常用的分词算法包括基于统计的分词方法、基于理解的分词方法以及基于词典的分词方法。本文采用基于词典的分词方法。

特征选择：完成分词之后，文本特征词的特征向量维度非常高，分词后的文本信息中依然存在大量不具备参考价值的信息，这将降低后期文本挖掘的精度和效率。基于此，在文本挖掘之前，要将有价值的信息提取出来，将关键词内部没有价值的数据剔除在外，控制特征向量维度。当下常见的比较成熟的特征选择算法包括互信息统计和信息增量。本文采用互信息统计。

（2）文本挖掘常用技术

文本分类：文本分类法即将选出的数据集划分到事先明确的分类别中，当下常见的方法为 Rocchio 分类算法、朴素贝叶斯回归分析、k 最近邻文本分类、支持向量机。

文本聚类：文本聚类即将共同性明显的大文档在相同簇下进行聚类。常见的文本聚类法为 K 均值聚类算法、层次聚类法、CURE 算法。

关联规则：结合数据之间的联系，在既定的大量数据集中挖掘出每个数据项之间的密切程度即关联规则，比较成熟且常见的关联规则算法包括 Apriori 算法、频繁模式增长算法、加权关联规则算法。

二、社会网络分析法

社会网络分析方法是由社会学家根据数学方法、图论等发展起来的定量分析方法，近年来，该方法在职业流动、城市化对个体幸福的影响、世界政治和经济体系、国际贸易等领域广泛应用，并发挥了重要作用。社会网络分析是社会学领域比较成熟的分析方法，社会学家们利用它可以比较得心应手地来解释一些社会学问题。许多学科的专家如经济学、管理学等领域的学者们在新经济时代——知识经济时代，面临许多挑战时，开始考虑借鉴其他学科的研究方法，社会网络分析法就是其中的一种。

网络指的是各种关联，而社会网络（Social Network）即可简单地称为社会关系所构成的结构。社会网络分析 SNA（Social Network Analysis）缘于物理学中的适应性网络，通过研究网络关系，有助于把个体间关系、“微观”网络与大规模的社会系统的“宏观”结构结合起来，通过数学方法、图论等进行定量分析，是 20 世纪 70 年代以来在社会学、心理学、人类学、数学、通信科学等领域逐步发展起来的一个研究分支。

从社会网络的角度出发，人在社会环境中的相互作用可以表达为基于关系的一种模式或规则，而基于这种关系的有规律模式反映了社会结构，这种结构的量化分析是社会网络分析的出发点。社会网络分析不仅仅是一种工具，更是一种关系论的思维方式，可以利用社会网络分析法来解释一些社会学、经济学、管理学等领域的问题。近年来，该方法在职业流动、城市化对个体幸福的影响、世界政治和经济体系、国际贸易等领域广泛应用，并发挥了重要作用。

节点、边、网络即个体、个体间连接关系、节点与边的集合，是社会网络的三个基本要素，通常用关系矩阵来表示含较多节点的社会网络。共被引政策共现网络和关键词共现网络都是社会网络共现矩阵中的数据代表主体共同出现的频次。网络密度、中心度分别是揭示网络整体特征、个体间联系的两个重要指标。网络密度通过网络节点实际存在的关系数与节点间可能存在的最大关系数的比值来反映节点间关系的紧密情况，取值在 0～1 之间，值越大，说明节点间的联系越紧密。

奥利佛（1991）指出，高密度的社会网络反映信息传递速度快、范围广，并有利于网络节点达成集体行动、节点间行为规范的形成。网络一般分为两种：有向网络和无向网络，本书的关键词共词网络和高被引政策共现网络为无向网络，在无向网络中，假设有 n 个成员，理论上网络关系最大值为 $n(n-1)/2$，若无向网络实际关系数是 m，则网络密度为 $2m/[n(n-1)]$。[①] 弗里曼（1978）认为，网络中心性可分为点度中心性、接近中心性、中介中心性三个指标。刘军（2009）指出，点度中心性指与节点直接连接的关系数量，某一节点的点度中心性值越大，中心地位越高、权利越大。在关键词和共被引政策共词网络中，其点度中心性是词与词之间、被引政策与被引政策间的共现次数。接近中心性衡量某个节点到其他节点的距离远近，到其他节点的距离越短，不受其他节点控制的能力越强[②]。例如，秦璐和高歌（2017）认为某一节点的中介中心性值越高，到达其他节点需要中转的次数越少，与外界的联系越紧密。[③] 张凌和罗曼曼等（2018）指出，中介中心性衡量某一节点作为桥梁，网络中各节点发生连接的最短路径必须经过该节点的数量。经过某一节点的最多若一个节点的中介中心性越高，则其他节点对该节点的依赖性越强，值越大表示节点越接近网络核心位置。[④]

① 孙大鹏，朱振坤. 社会网络的四种功能框架及其测量［J］. 当代经济科学，2010（2）：69-77.

② 刘军，张立柱. 隐性知识交流网络中员工重要性评价模型［J］. 统计与决策，2013（8）：55-57.

③ 秦璐，高歌. 中国物流运营网络中的城市节点层级分析［J］. 经济地理，2017，37（5）：101-109.

④ 张凌，罗曼曼，朱礼军. 基于社交网络的信息扩散分析研究［J］. 数据分析与知识发现，2018，2（2）：46-57.

第十三章 基于文本数据量化的中国互联网治理政策研究

互联网治理政策涉及网络新媒体、互联网金融、大数据、云计算等多元化的政策文件，是由全国人大常委会、国务院、工信部等多个中央部门颁布的相关政策集合。本节选取1994年1月至2021年1月有关我国互联网治理的176份中央层面的政策文件，利用文本数据量化的分析方法，对政府颁布的互联网治理政策文件进行分析。首先对互联网治理政策文件进行分类和梳理，进行描述性统计分析，包括统计治理政策的发布时间、发布形式与发布主体。其次提取出我国互联网治理各个时期治理政策文件中出现的高频主题词，并以词云图的形式展示，试图分析我国互联网治理政策的演变和发展趋势，以期为后续中国互联网治理政策的出台提供参考。

第一节 研究背景

互联网安全是一个不断进化的重要议题，不仅包括互联网本身的安全，还包括网络空间中的国家安全、社会安全、经济安全等更广泛的内容。我国高度重视互联网安全，2014年2月召开中央网络安全和信息化领导小组第一次会议，习近平总书记在会议中提出“没有网络安全就没有国家安全”，首次将网络安全上升为国家战略，要求统筹应对网络安全挑战，维护网络空间的和平、安全、开放、合作。党的十九大报告提出，加强互联网内容建设，建立网络综合治理体系，营造清朗的网络空间。2019年7月24日，中央全面深化改革委员会第九次会议审议通过《关于加快建立网络综合治理体系的意见》，会议指出，要坚持系统性谋划、综合性治理、体系化推进，逐步建立起涵盖领导管理、正能量传播、内容管控、社会协同、网络法治、技术治网等各方面的网络综合治理体系，全方位提升网络综合治理能力。当前，互联网治理已上升为国家战略的重要组成部分，是提升国家治理体系和治理能力现代化水平的重要举措。

有效的互联网治理依赖于国家互联网政策法律法规等的颁布，从而对互联网上的各种行为进行有效的制约，因此互联网政策是国家进行互联网治理的重要手段。习近平总书记指出，“我们需要抓紧制定立法规划，完善互联网信息内容管理、关键信息基础设施保护等法律法规，依法治理网络空间，维护公民合法权益”。法治化建设是网络综合治理体系的基石，应依法治网、依规管网，让网络治理事务在法律框架之下开展；采取刚性约束与柔性引导相结合的方式，让网络治理手段刚柔兼济；注重整体规划，推进集约化、精细化的网络运行方式，系统推进网络治理法治化，让网络治理质量更高，效益更好。① 从 1994 年《中华人民共和国计算机信息系统安全保护条例》出台至今，全国人大、国务院政府部门、行业主管部门等纷纷制定了以维护互联网安全、稳定、健康发展为目标的法律、法规、规章等各类政策文件，形成了相对系统、有效的互联网政策体系，成为国家进行互联网治理的直接工具。②

本书通过对我国互联网治理政策文本进行梳理，以文本数据量化为研究方法，通过实证数据对我国互联网治理的现状进行客观描述和分析，以 1994 年 1 月—2021 年 1 月我国中央层面颁布的有关互联网治理的政策为对象，提取其中的关键词信息，分析这些政策文件的特征和演变趋势，对完善我国互联网治理政策的顶层设计，提升我国的互联网治理能力具有重要意义。

第二节　政策文本的获取与数据来源

在政策文本获取过程中，根据不同的研究目的选择不同的政策文本数据集。目前，政策文本数据的获取主要有以下几种途径：一是政府官网。研究者通过政府官网，搜索国务院各部委、各省、自治区、直辖市以及地、市等

① 黄家赓. 网络综合治理体系的建与立［J］. 网络传播，2018（4）：60-61.

② 黄丽娜，黄璐，邵晓. 基于共词分析的中国互联网政策变迁：历史、逻辑与未来［J］. 情报杂志，2019，38（5）：83-91+70.

政府门户网站中发布或公开的政策文本，并把其作为相关研究的数据来源。二是专业政策数据库。许多学者在收集政策文本数据时，使用科技部人才中心网政策数据库、全球法律法规网、清华大学政府文献信息系统、北大法律信息网（北大法宝）和法律之星等专业政策数据库。其中，北大法律信息网使用频率相对较高。该数据库建立于1999年，共包括八个分数据库，并且提供法律引用信息，是我国成立最早、信息最全面的法律信息检索数据库，可免费检索，使用也比较方便，能够为政策文本研究提供坚实的保障。法律之星系统建立于1986年，是一套完整的法律法规文件检索系统，涵盖了中央和地方政府批准、颁布的各类现行法律、行政法规、部门规章、司法解释、规范性文件等。

数据获取是进行文本分析的关键步骤。1994年2月18日生效的《中华人民共和国计算机信息系统安全保护条例》（国务院令第147号）被公认为我国首个互联网官方政策。本书使用的互联网治理政策文本主要来源于1994年1月至2021年1月我国中央政府、人大常委会、国务院办公厅或相关部委网站发布的有关互联网治理方面的指导意见、实施方案、管理办法等。由于地方政府的互联网政策均以中央相关政策为蓝本，加上当前难以实现大规模政策文本分析，本书仅针对中央层面的互联网政策进行收集和整理。

由于涉及互联网治理方面的文本数量较多，为了保证数据获取的质量，主要通过以下方式筛选政策文本：

（1）制定政策的主体为中央政府或相关部委，以及互联网管理部门，如国家互联网信息办公室、中共中央网络安全和信息化委员会等。

（2）在政策分类方面，包括国家层面的中央政府、国务院办公厅、各部委等印发的政策，以及互联网管理部门颁布的涉及互联网治理方面的行政法规、规章、规范性文件、司法解释、工作文件、行政许可批复等。

（3）在政策内容方面，国民经济行业分类（2019修改版）中对互联网及相关服务做了界定，比如互联网信息服务指除基础电信运营商外，通过互联网提供在线信息、电子邮箱、数据检索、网络游戏、网上新闻、网上音乐等信息服务；互联网生活服务平台指专门为居民生活服务提供第三方服务平台的互联网活动，包括互联网销售平台、互联网约车服务平台、互联网旅游出行服务平台、互联网体育平台等；互联网数据服务指以互联网技术为基础的大数据处理、云存储、云计算、云加工等服务。本书在选取政策内容方面将参考上述分类。

（4）在政策选取时间节点上，主要选取1994年1月—2021年1月有关互联网治理的政策文本。

（5）政策文件类型主要为通知、意见、决定、办法、条例、法律等，删除有关复函、批复、会议、讲座、表彰、活动、项目立项等与正式的政策文件无关的内容。

通过北大法宝、国研网数据库、国务院政策文件库等政策查询平台，以及中央政府、相关部委和互联网管理部门的官方网站中检索相关的互联网治理的政策文件，总共检索出316份。然后对互联网治理政策样本进行处理，剔除重复文件、无关文件与失效文件，共整理出176份互联网治理的政策文本，其中人大常委会立法的法律文本有4份，国务院、国务院办公厅等部门直接颁布的有39份，国家互联网信息办公室颁布的有22份，工业和信息化部颁布的有16份，文化和旅游部颁布的有12份，其余大多数政策文件由中央多个部门联合颁布，本书将这些政策文件作为研究对象。

第三节　政策文本的研究方法

研究采用了定量与定性相结合的研究方法，首先从描述性统计开始，对中央政府或相关部委，以及互联网管理部门发布的有关中国互联网治理政策的时间节点、发布形式和发布主体进行系统分析，梳理出互联网治理政策发展的主要脉络；随后基于TF-IDF算法抽取了176份文件的核心关键词，从关键词的角度对政策进行解读剖析；接下来选取关键词作为研究对象，使用相关工具对其进行共词分析，得出相异矩阵并依此进行聚类和多维尺度分析，对关键词作出分类及可视化展示，在此基础上定性地描述分析结果。具体的研究方法包括：

（1）对比分析。通过阅读中国互联网治理政策及政策研究方法方面的国内外文献，掌握研究现状。利用对比分析方法，梳理国内外相关研究现状的异同点，对比分析中国互联网治理政策在不同发展阶段政策热点关键词的变化。研究中国互联网治理政策发布部门、发展趋势、政策效力、被引政策等情况。

（2）统计分析与定性分析。对政策发布数量、政策主体独立发布与联合发布情况、政策各阶段关键词进行频次统计分析，并结合定性分析方法分析做政策背景描述与动因分析。

（3）聚类与多维尺度分析。以中国互联网治理政策标题与内容中提取的关键词两两共现频次为研究对象，利用 SPSS 做系统聚类分析，反映高频词间的亲疏关系，进而揭示中国互联网治理政策研究状况及政策主题演变。

（5）共词分析。运用 Bibexcel、Ucinet 等进行共词矩阵的社会网络分析、共被引政策共词分析。

第四节　政策文本综合分析

一、政策发布时间

由于本节的研究对象是我国互联网治理的政策文本，目的是通过分析各个时期互联网治理政策文本中要素的变迁得出其特征和演变规律，因此研究的阶段划分主要以国务院、党中央有关互联网治理的重要条例或者互联网治理关键性政策法规的出台为标准，同时，在划分阶段的过程中也结合了我国互联网治理的标志性事件。1994 年至今我国互联网治理政策统计情况如表 13.1 所示。

表 13.1　1994 年至今我国互联网治理政策统计

我国互联网治理的初始阶段（1994—2000 年）	年份	1994	1995	1996	1997	1998	1999	2000	总计
	数量	1	1	6	4	4	2	9	27
我国互联网治理的发展阶段（2001—2007 年）	年份	2001	2002	2003	2004	2005	2006	2007	总计
	数量	3	6	4	7	7	3	4	34

续表

我国互联网治理的稳定阶段（2008—2014年）	年份	2008	2009	2010	2011	2012	2013	2014	总计
	数量	1	4	5	4	5	4	8	31
我国互联网治理的成熟阶段（2015后至今）	年份	2015	2016	2017	2018	2019	2020	2021	总计
	数量	13	14	26	10	8	11	2	84

1994年，中国成为国际互联网大家庭中的第77个成员。1994年2月18日国务院发布的《中华人民共和国计算机信息系统安全保护条例》是我国开始进行互联网治理的第一份政策文件。2000年以前，我国处于互联网发展的萌芽期，这一时期互联网治理行为主要集中在建立健全互联网制度体系和完善互联网基础设施建设方面。① 20世纪90年代末，以搜狐、网易、新浪为代表的门户网站先后创立，并促进了互联网应用的发展。截至1999年底，我国境内上网用户数约为890万。② 2000年出台的《互联网信息服务管理办法》是我国互联网治理的里程碑，标志着我国互联网治理有了明确的治理依据，因此把1994—2000年划分为第一阶段，称之为我国互联网治理的初始阶段。

2007年，胡锦涛同志提出“大力发展和传播健康向上的网络文化，切实把互联网建设好、利用好、管理好”的新要求。③ 随后，“加强网络文化建设和管理，营造良好网络环境”被写入党的十七大报告④，因此把2001—2007年划分为第二阶段，称之为我国互联网治理的发展阶段。

---

① 郑振宇. 改革开放以来我国互联网治理的演变历程与基本经验［J］. 马克思主义研究，2019（1）：58-67.

② 王梦瑶，胡泳. 中国互联网治理的历史演变［J］. 现代传播（中国传媒大学学报），2016（4）：127-133.

③ 以创新的精神加强网络文化建设和管理满足人民群众日益增长的精神文化需求［N］. 人民日报，2007-01-25.

④ 高举中国特色社会主义伟大旗帜为夺取全面建设小康社会新胜利而奋斗：在中国共产党第十七次全国代表大会上的报告［J］. 求是，2007（21）.

2014年2月，中央网络安全和信息化领导小组宣告成立，中共中央总书记习近平亲自担任组长，显示出中国最高层在保障网络安全、推动信息化方面发展的决心，我国互联网信息服务治理进入新的阶段[①]，2014年可以看作互联网治理进程中一个重要的节点。因此把2008—2014年划分为第三阶段，称之为我国互联网治理的稳定阶段。

党的十八大以来，互联网发展环境发生了新的变化。面对国内外诸多机遇和挑战，以习近平同志为核心的党中央科学应对，将我国互联网治理引向以维护国家安全为核心的深化阶段，体现了互联网治理的大格局和新气象。[②]2015年党的十八届五中全会召开，将网络强国上升为国家战略，进一步彰显出我国互联网建设的战略高度。因此把2015年至今划分为第四阶段，称之为我国互联网治理的成熟阶段。

上述重要政策的颁布或标志性事件代表了我国互联网政策的历史进程，本节将此内容作为一个阶段开启的标志，同时结合政策文件数量，将我国互联网政策体系的历史变迁进程大致分为四个阶段，并对每个时期政策文件的数量进行统计。

第一阶段：1994—2000年，是我国互联网治理的初始阶段。据统计，在互联网治理的早期，政策文件的数量相对较少，1994年、1995年每年仅有一部政策文件出台，而后逐年增加，到2000年达到顶峰。2000年是我国互联网治理的重要节点，在这一年中，共有9部中央层面的治理文件颁布，其中最为重要的是2000年9月颁布的《互联网信息服务管理办法》，这是一部规范互联网信息服务活动，促进互联网信息服务健康有序发展的规章制度。同年全国人大常委会颁布我国第一部互联网治理的法律《关于维护互联网安全的决定》。可以看出，在互联网治理初期，治理政策法律法规主要集中于信息服务安全、计算机网络安全等方面。

第二阶段：2001—2007年，是我国互联网治理的发展阶段。在这一阶段中，颁布的政策文件数量稳步上升，2004年和2005年每年都颁布了7部政策

---

① 魏娜，黄甄铭．适应与演化：中国互联网信息服务治理体系的政策文献量化分析［J］．中国行政管理，2020（12）：47-55.

② 郑振宇．改革开放以来我国互联网治理的演变历程与基本经验［J］．马克思主义研究，2019（1）：58-67.

文件。2002 年 3 月，由中共中央办公厅、国务院办公厅颁布的《关于进一步加强互联网新闻宣传和信息内容安全管理工作的意见》对网络舆论的宣传做了明确的规定，同年颁布了多部规章制度，进一步规范了互联网出版物、网络域名的使用、网络文化市场、网络营业场所等方面的信息服务经营活动。2004 年 9 月，由中央宣传部、公安部等 14 个部委发布的《打击淫秽色情网站专项行动工作方案》，对互联网和手机上传播淫秽色情信息等违法犯罪活动进行了专项整治；同年 11 月，中共中央办公厅、国务院办公厅颁布了《关于进一步加强互联网管理的意见》，从中央层面进一步对网络上的非法信息和内容进行了强有力的监管。2007 年，党的十七大报告提出要“加强网络文化建设和管理，营造良好的网络环境”，网络文化问题得到了极大的重视。

第三阶段：2008—2014 年，是我国互联网治理的稳定阶段。在这一阶段中，我国互联网治理的政策稳步推进。2012 年 12 月，为了保护网络信息安全，保障公民、法人和其他组织的合法权益，维护国家安全和社会公共利益，全国人大常委会颁布了《关于加强网络信息保护的决定》，在法律上对公民个人身份和涉及公民个人隐私的电子信息进行保护，明确了任何组织和个人对窃取或者以其他非法方式获取，出售或者非法向他人提供公民个人电子信息均属于违法犯罪行为。2014 年是我国互联网治理史上具有里程碑意义的一年。在这一年，我国的互联网治理不仅着眼国内，更积极参与到全球互联网治理中，我国已成为名副其实的互联网大国。2014 年 2 月 27 日，中央网络安全和信息化领导小组宣告成立，由中共中央总书记、国家主席、中央军委主席习近平担任组长。该小组的成立以规格高、力度大、立意远来统筹指导中国迈向网络强国的发展战略，再次体现了中国最高层全面深化改革、加强顶层设计的意志。2014 年 11 月 19 日，首届世界互联网大会在乌镇举行。习近平总书记在首届世界互联网大会的贺词中提出，互联网发展需要全球各国认真应对、谋求共治、实现共赢，中国愿意同世界各国携手努力，深化国际合作，维护网络安全，共同构建和平、安全、开放、合作的网络空间，建立多边、民主、透明的国际互联网治理体系。

第四阶段：2015 年至今，是我国互联网治理的成熟阶段。这一阶段，我国互联网治理政策的颁布更加集中和密集，从 2015 年开始，除 2019 年之外，每年颁布的政策文件数量都超过了 10 部之多，2017 年更是达到了 27 部。在这一阶段，密集出台了一系列有关互联网 +、云计算、大数据、互联网协议第六版（IPv6）、网络游戏等方面的政策法规，对新时期互联网发展的各个领域都颁布了对应的规章制度。2015 年十二届全国人大三次会议上，李克强总理在政府工作报告中首次提出“互联网 +”行动计划。按照国务院的相关部署，2015 年 7 月，国务院出台了《关于积极推进“互联网 +”行动的指导意见》，推动互联网与社会经济生活的各方面进一步融合。2016 年 11 月由全国人大常委会颁布的《中华人民共和国网络安全法》，是我国第一部全面规范网络空间安全管理方面的基础性法律，是我国网络空间法治建设的重要里程碑，是依法治网、化解网络风险的法律重器，是让互联网在法治轨道上健康运行的重要保障。《中华人民共和国网络安全法》将近年来一些成熟的做法制度化，并为将来可能的制度创新做了原则性规定，为网络安全工作提供切实法律保障。2020 年，国家互联网信息办公室会同国家发展改革委等十二个部门联合发布《网络安全审查办法》，这是落实《中华人民共和国网络安全法》要求、构建国家网络安全审查工作机制的重要举措，是确保关键信息基础设施供应链安全的关键手段，更是保障国家安全、经济发展和社会稳定的现实需要。

二、政策发布形式

在涉及我国互联网治理的 176 份治理政策文本中，发布形式主要包括了条例、办法、程序、通知、意见、实施细则等一系列发布形式，呈现出多样化的特点。根据表 13. 2 显示，办法、通知、意见、规定是最普遍的几种形式，总计分别达到了 38、34、27、40 份政策文件。而发布形式中程序、实施细节、决定相对较少，说明在我国互联网治理的政策文件中，还是以常规性的行政法规为主，而具体实施的程序文件相对较少。

表 13. 2　我国互联网治理政策发布形式统计

政策类型	各个时期互联网治理政策发布数量				
	1994—2000 年	2001—2007 年	2008—2014 年	2015 年至今	总计
条例	2	2	2	1	7
办法	7	9	5	17	38
程序	1	0	0	2	3

续表

政策类型	各个时期互联网治理政策发布数量				
	1994—2000 年	2001—2007 年	2008—2014 年	2015 年至今	总计
通知	4	5	5	20	34
意见	1	6	7	13	27
实施细则	1	0	0	1	2
规定	6	7	6	21	40
决定	2	0	1	0	3

三、政策样本关键词词频分析

（一）关键词提取

相对于政策文本的统计描述，对政策文本内容的分析更具有实际意义与参考价值。考虑到政策文本的特殊性，并不像学术论文本身包含关键词，本研究采用 jieba 分词算法，提取我国互联网治理政策文本中的关键词。

jieba 分词应该属于概率语言模型分词，主要是基于统计词典，构造一个前缀词典；然后利用前缀词典对输入句子进行切分，得到所有的切分可能，根据切分位置，构造一个有向无环图；通过动态规划算法，计算得到最大概率路径，也就得到了最终的切分形式。

jieba 分词系统中实现了两种关键词抽取算法，分别是基于 TF - IDF（Term Frequency - Inverse Document Frequency）关键词抽取算法和基于TextRank关键词抽取算法，两类算法均是无监督学习的算法，本研究基于TF-IDF算法进行政策文本的关键词抽取。TF - IDF 是一种数值统计，用于反映一个词对于语料中某篇文档的重要性。在信息检索和文本挖掘领域，它经常用于因子加权。TF-IDF 算法是一种用以衡量目标词条在整个文本中的重要程度的统计方法，目标词条在文本中的出现频率越高，则其权重越高；目标词条在语料库里的次数越多，则其权重越低。本研究使用的语料库是 jieba 分词的默认语料库。

在 Python 平台中，将政策文本进行预处理后，基于 TF－IDF 算法，使用 jieba 分词对文本进行分词处理，调用方法为：jieba. analyse. extract_tags content，topK =500，with Weight = False，allow POS = （'n'），其中，content 参数为处理整合后的政策文本数据，topK 参数为提取的关键词数量，with Weight 参数选取不返回关键词权重，allowPOS 参数选择返回词性为名词的关键词。

（二）高频主题词统计

根据我国互联网治理的各个时期的政策文件，1994—2000 年 27 份、2001—2007 年 34 份、2008—2014 年 31 份、2015 年至今 84 份，基于 TF－IDF 算法对政策文本的关键词进行抽取，分别提取政策文件中 TF－IDF 分值权重位于前 50 位的关键词。其中，类似于管理、规定、行政、办法、罚款、监督、违反等高频词明显属于政策文本常用高频词，与我国互联网治理的主题并没有直接联系，所以接下来采用人工筛选的方式，在 50 个高频词中筛选出 20 个与互联网治理相关的核心主题词，具体如表 13. 3 所示。

表 13. 3　我国互联网治理各个时期政策高频主题词统计

1994—2000 年治理政策 20 个高频主题词									
互联网	计算机	联网	安全等级	产品	违反	公安机关	数据	程序	公安部
罚款	保护	危害	信息系统	病毒	安全	保密	保护	保障	管理
2001—2007 年治理政策 20 个高频主题词									
互联网	联网	备案	网吧	域名	网站	电视	许可证	国家	机构
注册	电信	服务	文化	新闻	出版	视听	注册	审批	部门
2008—2014 年治理政策 20 个高频主题词									
互联网	购物	网站	交易	数据	机制	游戏	侵权	发展	技术
市场	经营	侵权	安全	节目	服务	域名	新闻	文化	通信
2015 年至今治理政策 20 个高频主题词									
互联网	国家	服务	提供者	应急	保护	企业	新闻	安全	网站
舆情	事件	移动	系统	金融	经营	版权	电信	平台	管理

我国互联网治理的初始阶段（1994—2000 年），是我国互联网的发展初期，也是我国互联网政策的起始阶段。在这一阶段总共有 27 份政策文件。根据提取出的 20 个高频主题词可以看出，在政策的起始阶段，政策的主题类型比较同类化，基本上是以计算机安全、计算机信息系统的保护等为主，在这一阶段的政策主要是以 1994 年的《计算机信息系统安全保护条例》和 1997 年的《计算机信息网络国际联网安全保护管理办法》，以及 2000 年全国人大常委会出台的《关于维护互联网安全的决定》为代表。

我国互联网治理的发展阶段（2001—2007 年），是我国互联网治理政策逐渐完善的阶段。在这一阶段共有 34 份政策文件。从这 34 份文件中提取出的 20 个高频主题词可以看出，这一阶段治理政策的领域更加多样化，对网吧、电视、新闻、出版、视听、电信等互联网治理的各个领域都有涉及，说明这一时期我国互联网治理的政策更加多元化，监管的内容更加全面和完善。

我国互联网治理的稳定阶段（2008—2014 年），是我国互联网治理的政策趋向于稳定发展的阶段。在这一阶段共有 31 份政策文件。从这 31 份文件中提取出的 20 个高频主题词可以看出，虽然颁布政策的数量与前一段时期相比并没有增加，但是政策的主体内容涉及互联网发展过程中新的技术和领域，如涉及的数据、购物、域名、交易等关键词。这一时期正是我国网络购物快速发展的阶段，2008 年，金融风暴席卷全球。当政府以及社会各界苦苦探寻扩大内需的途径时，以淘宝为代表的网络零售行业却保持翻番的增长势头。这一阶段政府也相应出台了一系列有关网络购物、电子交易等相关的互联网治理的政策。

我国互联网治理的成熟阶段（2015 年至今），是我国互联网治理政策逐渐走向成熟和创新的阶段。这一时期，微博、微信等社交媒体的崛起及移动互联网的推广使用，网络安全日益严峻，互联网治理上升为国家战略。在这一阶段共有 84 份政策文件。从这 84 份文件中提取出的 20 个高频主题词可以看出，这一阶段更加重视国家安全层面的互联网治理，出现频率最高的关键词包括国家、服务、应急、安全、事件、舆情等，说明这一时期国家对国家层面的网络安全和舆情的治理更加重视，也出台了相应的治理文件。网络安全不仅是互联网上的安全问题，而且是牵涉到国家安全和社会稳定的重大问题，正如习近平总书记提到的“没有网络的安全就没有国家的安全”，因此这一段时期，互联网治理的政策议题主要集中在国家安全层面。

（三）词云图展示

将上述我国互联网治理政策的 80 个高频词表用词云图的方式展示，如图 13.1 所示。从图中可以看出，我国互联网治理政策中出现频率最高的一些主题词，如保护、侵权、数据、保障等，都是在治理政策文件中提及最多的关键词，也是我国互联网治理政策的根本，是为了保护互联网安全运行，营造良好的网络生态，保障公民、法人和其他组织的合法权益，维护国家安全和公共利益，构建天朗气清的网络空间。

图 13.1　1994 年至今我国互联网治理政策高频主题词词云图

第五节　研究结论

本研究选取 1994 年 1 月—2021 年 1 月有关我国互联网治理的 176 份政策文件，利用数据文本量化的分析方法，对我国中央政府颁布的互联网治理政策文件进行分析。通过对互联网治理政策的发布时间、发布形式与发布主体的分析，以及对治理政策文件中高频关键词的提取，可以得出如下结论。

一、互联网治理由单一治理向国家安全治理转变

从政策文件的分析中可以看出，在我国互联网治理的初始阶段，治理的重点主要是针对计算机网络、淫秽色情网站、电子邮件服务、网络侵权行为等的专项单一治理形式，自习近平总书记提出网络强国战略之后，对互联网治理的形式由政府颁布专项的法律法规，逐步形成了党委领导、政府管理、

企业履责、社会监督、网民自律等多主体参与，以及经济、法律、技术等多种手段相结合的网络综合治理体系。近几年来，我国在互联网治理上，先后出台了《国家网络空间安全战略》《中华人民共和国网络安全法》《网络安全审查办法》等重要制度和文件，涉及国家安全层面的网络安全审查、数据出境安全评估、关键信息基础设施和个人信息保护等重要制度逐步建立，重拳出击治理网络环境，惩治网络信息欺诈，积极推进网络空间国际治理秩序建设，网络空间日渐清朗。

二、互联网治理由政府治理向多主体协同治理转变

在互联网政策的颁布形式上，从最初的国务院或单个部委部门单独发文逐渐转向多部门联合发文，比如 2016 年 11 月颁布的《网络预约出租汽车经营服务管理暂行办法》是由交通运输部等 7 个部门联合发文，2020 年 11 月颁布的《关于深化“互联网 + 旅游”推动旅游业高质量发展的意见》是由文化和旅游部、发展改革委等 10 个部门联合发文。由于数字经济和“互联网 + ”技术的发展，互联网 + 金融、互联网 + 医疗、互联网 + 旅游、互联网 + 政务等互联网新技术基本涵盖了传统行业的各个方面，单纯依靠政府治理已很难满足不断增长的新技术的需求，维护网络安全是全社会共同的责任，需要政府、企业、社会组织、广大网民共同参与，共筑网络安全防线。习近平总书记在全国网络安全和信息工作会议上提到，“要提高网络综合治理能力，形成党委领导、政府管理、企业履责、社会监督、网民自律等多主体参与，经济、法律、技术等多种手段相结合的综合治网格局”，提出了构建多主体参与、多手段结合的网络治理综合格局，为我国互联网治理的理念创新与实践发展指明了正确方向。

三、互联网治理由政策治理向技术治理转变

在互联网治理的初始阶段，主要依靠政府出台互联网治理的政策文件规范互联网使用过程中的各种非法和不当行为，然而随着时代的发展，单纯依靠政府互联网治理政策、法律和法规的约束已很难跟上技术的发展步伐，尤其是随着人工智能、大数据、云计算等新技术的出现，政府对互联网的监管变得异常困难，因此相关管理部门需要积极适应互联网发展趋势，充分利用人工智能、大数据等技术方法，对网络活动进行动态监管、检测预警、漏洞

查找等，利用新技术有效地预防和监控互联网活动中的非法问题，政府部门、科技主管部门、互联网企业等治理主体更需要有效参与、协同合作、共同治理。

第六节　对策和建议

一、以总体国家安全观和网络强国战略思想作为互联网治理的重要指引

党的十八大以来，以习近平同志为核心的党中央加强对网络安全和信息化工作的领导，统筹推进网络安全和信息化各方面工作，先后提出了总体国家安全观和网络强国战略等一系列互联网治理的新思想、新观点、新论断，指引我国互联网发展和治理工作取得历史性成就。党的十九大报告提出："坚持总体国家安全观。统筹发展和安全，增强忧患意识，做到居安思危，是我们党治国理政的一个重大原则。"总体国家安全观包含了网络安全，认为网络安全与政治安全、经济安全、文化安全、社会安全、军事安全等领域相互交融、相互影响，已成为我国面临的最复杂、最现实、最严峻的非传统安全问题之一。2018 年 4 月，在全国网络安全和信息化工作会议上，习近平总书记深入阐述了网络强国战略思想。网络强国战略思想，是习近平新时代中国特色社会主义思想的重要组成部分，是做好网信工作的根本遵循。

我国已是世界上网民人数最多的网络大国，但是与网络强国相比，我国还有较大差距。其突出表现是：我国在全球信息化排名中处于 70 名之后；作为网络强国重要标志的宽带基础设施建设明显滞后，人均宽带与国际先进水平差距较大；关键技术受制于人，自主创新能力不强，网络安全面临严峻挑战。另外，我国城乡和区域之间"数字鸿沟"问题突出，以信息化驱动新型工业化、新型城镇化、农业现代化和国家治理现代化的任务十分繁重。[①] 我国要努力建设网络强国，需要加强政府顶层设计和组织领导能力，制定和实施具体的网络强国战略，站在世界互联网发展的前沿，利用最新的科技创新技

① 汪玉凯. 人民日报：网络强国战略助推发展转型 [N/OL]. (2016-02-17) [2021-07-08]. http://media.people.com.cn/n1/2016/0217/c40606-28128917.html.

术有效利用、发展和治理互联网，在总体国家安全观引领下系统落实网络强国建设，是未来我国互联网治理工作的重点。

二、坚持以人民为中心的互联网治理手段

网络安全与广大人民群众密切相关，加强网络安全治理必须坚持以人民为中心，切实做到网络安全为人民、网络安全靠人民的治理手段。使用互联网人数最多的就是普通的网民，中国约有14亿人口，截至2020年12月底，网民人数已接近10亿，并且网民数量还在逐渐增加，在未来将是人人都使用互联网的智能社会。因此，互联网治理的效果由人民评价是互联网治理的基本原则，凝聚强大的人民群众力量是做好互联网治理工作的必要条件，应从加大网络安全宣传力度、提升人民群众网络安全意识等方面提高广大网民的互联网安全意识，尤其需要提高在受教育阶段广大青少年的网络安全素养。在信息共享、网络交易、社交媒体等互联网活动日益复杂的当下，互联网已经成为一个虚拟的社会，融入了每个人生活的方方面面，防范网络活动中的各种非法行为，需要构建全民参与的互联网安全保障机制，规范和净化互联网、发展和繁荣互联网。互联网的发展和治理需要贯彻以人民为中心的发展理念，不断创新关键核心信息技术，催生新产业、新业态、新模式，发展壮大数字经济，大力推进互联网精准扶贫，在保障网民使用互联网合法权益的同时，能够让互联网更好地服务于网民，最终让人民群众在互联网发展中获得更多幸福感和安全感。

三、需落实互联网企业的主体责任

近年来，出现了多起互联网企业关联的安全事故，引起了人们对互联网企业社会责任的反思。互联网企业作为互联网治理过程中的重要参与主体，不能一味地追求经济利益，更要承担必要的社会责任，但现实是互联网企业常常因为追求短期的经济利益而牺牲消费者权益，弱化了对于企业社会责任的履行。互联网安全事件频频出现，反映了互联网企业在发展过程中对社会责任这一方面的忽略，更反映出互联网企业社会责任意识需要提高已经迫在眉睫。因此，政府在出台互联网治理政策规章制度时，应更多地颁布针对互联网企业和行业发展规范的政策文件，以更好地引导互联网企业和整个行业合法、有序、规范运行。比如针对近年来直播行业出现的种种乱象，在直播

的过程中出现了色情、裸聊、诈骗等非法行为，国家互联网信息办公室在2016年11月出台了《互联网直播服务管理规定》，明确禁止互联网直播服务提供者和使用者利用互联网直播服务从事危害国家安全、破坏社会稳定、扰乱社会秩序、侵犯他人合法权益、传播淫秽色情等活动。

四、以构建网络空间命运共同体作为互联网治理的根本宗旨

2020年以来颁布的互联网治理的政策文件更多地聚焦于国家安全、网络主权和网络空间命运共同体等议题上，网络安全被提升到国家安全的战略高度。由于互联网世界的开放性和联通性，网络空间已成为人类的新型社会空间，没有边界的约束，任何个人和组织都可以自由出入。正是因为有了互联网，将全球的各个国家和人民连成一个命运休戚相关的共同体，然而，面对这块“新疆域”，传统的国际治理秩序往往处于失效状态，全球互联网治理亟待建立新秩序。

2015年，习近平总书记在第二届世界互联网大会上指出，网络空间不应成为各国角力的战场，更不能成为违法犯罪的温床，维护网络安全不应有双重标准。他还曾多次提到“构建网络空间命运共同体”，完善全球互联网治理体系，维护网络空间秩序，必须坚持同舟共济、互信互利的理念。我国是网络黑客攻击的受害国，同时也经常遭到西方国家有关网络黑客攻击事件的无端指责。美国的几大互联网社交媒体平台可以利用信息传播、舆论引导和巨大用户数量的优势，与美国政府形成直接或间接互动，对美国之外的国家和地区实施意识形态渗透，在当地发动破坏地方稳定、导致敌对国家和地区全面失序的颜色革命。因此，构建网络空间命运共同体，不仅需要中国同世界上其他国家共同努力构建安全的网络基础设施市场体系，还需要中国与世界各国一道，高举国家主权原则，在对抗互联网数字霸权方面形成全球性的共识和行动机制。①

---

① 王四新. 维护网络安全是构建网络空间命运共同体的基础 [EB/OL]. (2021-02-06) [2021-07-08]. https://theory.gmw.cn/2021-02/06/content_34602889.htm.

第五部分　互联网治理的未来研究方向

当今世界网络信息技术日新月异，互联网正在全面融入经济社会生产和生活的各个领域，引领了社会生产新变革，创造了人类生活新空间，带来了国家治理新挑战，并深刻地改变着全球产业、经济、利益、安全等格局。随着网络新技术的发展，传统的互联网治理方式已很难适应网络新技术带来的挑战，移动互联网、社交新媒体、云端技术等各种网络新技术层出不穷，因此互联网治理必须跟上技术发展的步伐。本部分主要探讨互联网治理的未来研究方向，构建一种新型的互联网治理模式——互联网云治理。

第十四章
新型的互联网治理模式——互联网云治理

在新形势下，新一代信息技术不仅被视为经济发展的新动能，更会成为治理体系和治理能力现代化的新支撑。尤其是健康码的出现极大地解决了疫情防控中人员流动的问题，将健康码申请者的个人健康状况、行动轨迹等信息汇入“云”中，让防疫指挥部第一时间掌握全量、实时的信息。因此，智能化手段防范化解风险的治理方式精准、全面、高效。相对于传统的治理模式，网络云端模式更具优势。本书试图构建一种新型的互联网云治理模型，对互联网治理的相关问题进行深入研究，符合推进国家治理体系和治理能力现代化的时代要求，即习近平总书记关于“建立网络综合治理体系”“营造清朗的网络空间”等一系列互联网治理的新理念、新思想、新战略的重要论述。

第一节　互联网云治理的内涵界定

一、大数据和云计算的关系

随着科学技术的迅速发展，人类开始进入大数据时代，云计算、大数据、移动互联网已成为时代三大主题，正在推动新经济时代的发展。在科学领域、经济领域及社会生活的方方面面，呈现出海量数据特征，在海量数据中蕴含着人类各种行为、心理和决策信息等，通过数据挖掘技术加以科学分析和利用，对创造思维、创新模式、产品个性化及管理决策等都具有极高的社会价值。如何有效应用大数据、云计算等新信息技术，对互联网治理产生价值，将会是今后一个新的研究方向。

大数据与云计算技术都是随着人类数据量的增长而诞生的信息技术，不同之处在于，大数据只涉及处理海量数据，而云计算则涉及计算的基础架构。云计算为大数据处理提供了一个分析和处理数据的平台。云计算强调的是计算，而大数据强调的是计算的对象。

传统数据处理技术只能实现数据输出、输入等方面的效果，而今，在面对庞大且复杂的数据量时，需在原有基础上利用云计算模式开发新的大数据处理技术，这样才能保证大数据时代数据能得到准确且快速的处理，从而为新时代各个领域所需高效的数据处理目的提供重要保障。[①] 就当前云计算模式下的大数据处理技术发展情况来看，云计算技术与大数据处理技术之间是相辅相成的关系，云计算技术自身处理能力较强，借助网络快速传输信息数据，为大数据处理建立了良好的平台，可弥补大数据处理技术缺陷，进而为用户提供数据计算、数据存储、数据处理等服务。因此，要想充分发挥大数据处理技术的应用效果，必须将云计算技术作为重要的载体，确保更好地发挥云计算在大数据处理技术中潜在的价值，并更好地将云计算技术和大数据处理技术应用、推广到更多行业领域中。[②]

大数据与云计算二者间的联系主要体现在如下几点：其一，二者均以数据的存储和处理作为主要工作内容，需要大量的存储空间以及对计算资源加以占用。基于此，二者在具体应用阶段均要借助于数据存储技术以及管理技术等实现自身功能，从而推动后续工作的顺利进行。倘若说大数据中包含了海量的价值信息，那么我们可以将云计算视作挖掘此类信息的工具，简言之就是指后者为前者提供了使用工具以及相应的处理途径，因为有大数据的存在，云计算的价值才可以被放大与挖掘。其二，就具体使用形式方面进行分析，大数据也是云计算的一种延伸内容。除此之外，正是因为有了云计算的支持，大数据的存储以及计算能力才能够不断地被优化与提升，进而有效地强化数据处理速度，为一系列工作的开展提供有力的支持。而当大数据被投入实际的应用过程中时，便会产生一系列业务需求，而在此阶段内，云计算应用途径也被不断地丰富。[③]

---

① 睢贵芳．云计算模式下大数据处理技术初探［J］．网络安全技术与应用，2020（7）：79–80.

② 贺丽丽．探讨云计算模式下大数据处理技术［J］．科技视界，2020（26）：95–96.

③ 陈丰乐．大数据与云计算的关系及其对通信行业的影响［J］．中国新通信，2020（13）：8–10.

二、互联网云治理的内涵界定

互联网治理主体由单一的政府治理到协同治理的重要性已取得学界共识，随着大数据和云计算等网络新技术的发展，云治理的模式应运而生。因为互联网治理属于社会治理的一部分，在对与社会治理相似概念的内涵进行梳理的基础上，借鉴互联网治理的最新研究成果，以网络化治理理论和智慧治理方法为指导，以提升我国互联网治理能力，实现互联网治理现代化目标，对互联网云治理的内涵进行重新界定。

大数据背景下产生的“云治理”，是国家治理现代化的必然要求，在治理主体、治理内容、治理程序、治理对象和治理逻辑等方面已大幅度超越传统国家治理的范畴，增加了虚拟治理、数据治理、流动治理和开放治理等新内容，在很大程度上符合新时代社会治理发展的需求。“云治理”的核心即“云技术”，是一种动态的、易扩展的，一般是通过互联网提供虚拟化的资源计算方式。这种技术的关键是对云的理解，它是由服务器甚至是个人计算机构成的网络，这些服务器和个人计算机在网络环境中互相连接，构成一个巨大的网络。①

互联网云治理是一种新型的治理模式，也是大数据治理的一种表现形式。互联网云治理可以视为一种基于云计算技术的、多元主体共同参与的高弹性治理模式。对于互联网云治理的内涵可以细分为以下几个方面：从治理环境来看，云优化了互联网治理的技术环境，由于云计算技术具有管理和调度数据资源和计算资源的特点，能够将目前分散的不同主体和信息调动起来，具有有效解决信息沟通不畅，难以实现信息的分享以及难以利用大数据进行分析的特点。从治理主体方面看，云代表着一种新的组织关系，政府、企业、网民等依托网络互联互通，在保持传统的直线型关系的基础上，衍生出了相对扁平的网络化结构组织关系。在治理的决策方面，云治理标志着治理主体的多元参与，云治理模式下的互联网治理优化了治理决策方式、体制和监督反馈，实现了互联网治理的工具和信息的优化。

以“云治理”保证国家安全。“云治理”不仅涉及网络空间的国家安全，

---

① 赵宬斐，李璐．“云治理”视域下“共建共治共享”机制创新路径研究［J］．石河子大学学报（哲学社会科学版），2019（1）：23-29.

注重提高网络空间“数据主权”保护能力，而且涉及整个国家安全。在国际竞争中，数据控制权已经成为继制陆权、制海权、制空权之后的重要争夺对象。我国《促进大数据发展行动纲要》明确把大数据作为“国家基础性战略资源”，作为国家安全极为关键的组成部分。我们只有大幅提升全球数据采集能力、监控能力、分析能力，提升“云治理”的综合能力，才能真正保证国家安全。①

第二节　互联网云治理的概念模型

一、云治理的相关研究

作为一种新型的治理方式，“云治理”是指在信息技术、海量数据和互联网思维时代背景下的社会治理。云治理提供了云计算技术的架构，使治理方式更加智能化。目前，对“云治理”的相关研究主要集中在企业治理、政府治理、社会治理、社区治理等方面。

在企业治理方面，于秀艳和程钧镆（2013）② 将 IT 治理理论引入企业云的实施过程中，从治理决策模式、激励机制和管控体系三方面构建企业云治理框架并对其中的关键要素进行深入的论述，以帮助企业有效管理和控制风险，推进企业云的健康发展。

在政府治理方面，万艺（2020）③ 从社会风险的角度出发，对当前政府“云治理”模式的现状进行分析以及对治理过程中存在的社会风险进行研究，从而提出政府“云治理”模式有效应对风险的对策。通过分析为政府“云治理”的建设提供了实际性的经验支持，有助于提高我国政府“云治理”建设的能力，更好地适应和引领时代发展。

在社会治理方面，赵宬斐和李璐（2019）④ 认为“云治理”不仅创新了

---

① 李振．关注“云治理”［N/OL］．人民日报，2017-01-20［2021-07-08］．http://theory.people.com.cn/n1/2017/0120/c40531-29037417.html.

② 于秀艳，程钧镆．企业云治理框架研究［J］．科技管理研究，2013（10）：175-178.

③ 万艺．政府“云治理”模式的社会风险研究［D］．杭州：杭州师范大学，2020.

④ 赵宬斐，李璐．“云治理”视域下“共建共治共享”机制创新路径研究［J］．石河子大学学报（哲学社会科学版），2019（1）：23-29.

社会治理的发展模式，也赋予“共建共治共享”发展新的内涵与特征。在新时代必须加强以“云治理”促进多元主体“共建”，以“云治理”促进协同性“共治”，以“云治理”促进利益“共享”机制，进而推动社会走向全面治理，达到“共治共建共享”下的理想治理格局。

在社区治理方面，罗丹（2018）① 研究以大数据为核心的社区治理新模式——社区云治理，即在治理社区过程中，通过建立服务于社区的网络终端，通过整合各种数据化的治理信息，在此基础上形成一个由大数据服务的社区云体系，通过大数据的途径对接社区服务，将社区居民多元化的需求和大数据技术相结合，实现将单个局限的社区云转变成为共享云，从而实现社区居民自治能力的提升，改善公共服务的质量。

二、互联网云治理的特征

“云治理”通过把高科技的数据技术与互联网治理有机地结合起来，充分发挥各自的优势和特点，使得其自身特征属性明显而突出。互联网云治理的特征主要表现在以下三个方面。

1. 大数据技术是云治理的基础

通过数据挖掘和分析进行精确的治理成为互联网治理的发展趋势。大数据的特点就是容量大、访问速度快、个性数据全、数据价值性高。通过对互联网上各种类型的大数据收集，获取大量的基础信息，而通过使用各级各类基础信息，并对其进行以互联网络为基础的数据分析，可以预测并创造性地提取出有针对性、能服务于需求的综合数据信息，比如运用大数据手段，把“云治理”应用到社区警务，可以快捷地查看社区治安状况、社区各种信息数据，甚至直接接受上级的工作指示。②

2. 多主体参与的多元治理是云治理的核心

云计算的核心概念就是以互联网为中心，在网站上提供快速且安全的云计算服务与数据存储，让每一个使用互联网的人都可以使用网络上的庞

---

① 罗丹. 社区“云”治理：大数据时代社区治理创新模式研究［J］. 中国集体经济，2018（18）：8-9.

② 杨芳，郭宏刚. “云治理”提升我国社会警务管理策略研究［J］. 河北公安警察职业学院学报，2019，19（2）：14-16.

大计算资源与数据中心。由多主体共同参与的互联网治理模式已经成为当下互联网治理的最主要模式。由于互联网是一个没有边界、不分国家、自由使用的场域，政府、网民、互联网公司等互联网治理的参与者分散在不同的区域，尤其是网民，作为互联网治理的重要参与者，不仅数量极其庞大，而且分散在各个地方，云计算的特点就是能够彻底消除地域的影响，让互联网治理的参与者在云端就可以进行数据共享、数据分析和处理等工作。

3. 云端过程共享是云治理的优势

在互联网治理体系建设中，数据共享开放是大数据资源建设的前提，在平衡数据共享开放和隐私保护、数据安全的关系时，重点要提升政府监管部门对数据全生命期的管理能力，保障云端存储的数据安全及本地的数据安全和隐私信息。推动数据资源在云端共享开放，将有利于打通不同行业、部门和系统的壁垒，促进数据流转，形成覆盖全面的大数据资源，为大数据分析应用奠定基础。

二、互联网云治理概念模型

笔者提出一种新型云治理模型，如图 14.1 所示，是一种面向现实、问题导向的操作型模式，包括四个部分构成：①互联网治理主体：网络中互联互通的节点（政府、互联网公司、网民等），治理主体的组织方式、参与权限、职责职能、业务过程、治理方案等现实活动反映在三个层面：数据、工具、程序。数据是治理的基础，工具是治理的手段，程序是治理的业务流程；②全过程共享：在互联网治理生命周期全过程中，通过云治理共享平台统一进行数据处理；③云风险管控流程：分为基本过程、支持过程和控制过程；④云风险评估：在事后治理行动告一段落时，进行总结，将积累的大数据补充到治理经验中并发布共享，同时治理主体根据本次行动对自身数据、工具、流程的建设进行优化完善。

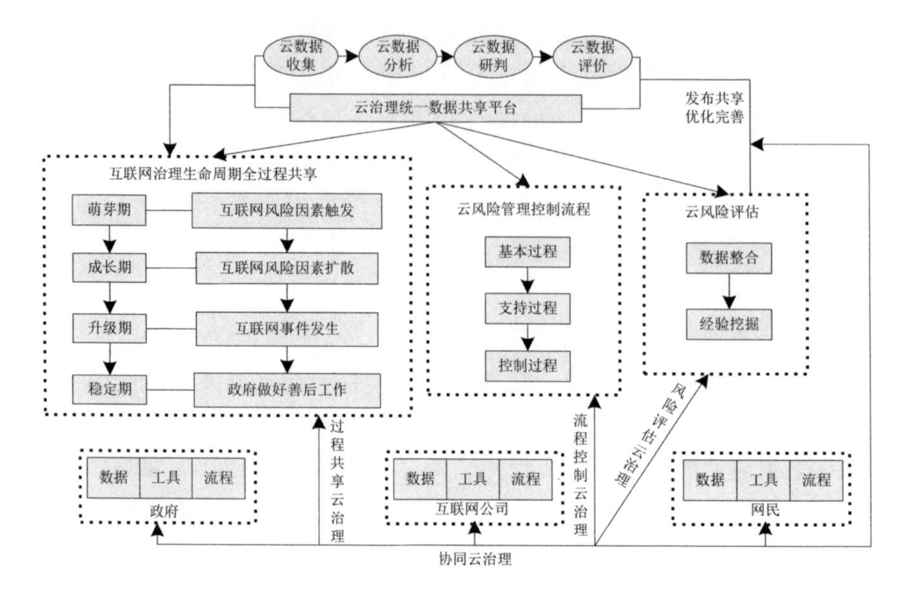

图 14.1　互联网云治理概念模型

第三节　互联网云治理的后续研究设想

在后续的研究计划中，可以从三个视角对互联网云治理进行研究。首先，基于多智能体建模对互联网云治理三方参与者，即政府、互联网公司、网民的行为规律进行仿真模拟研究。其次，基于区块链技术设计互联网云治理的实验平台，将“协同治理 + 区块链”运用到互联网治理实践中。最后，构建互联网云治理能力成熟度模型，对我国互联网云治理能力提升提出对策建议。

1. 基于多智能体建模的互联网云治理模拟仿真研究

研究建立以政府、互联网公司、网民为主体的多智能体模型，设定智能体的属性和行为准则，通过智能体仿真模拟揭示政府、互联网媒体不同属性下网民的行为规律。具体研究内容包括：（1）环境设定与智能体属性定义。由于政府、互联网公司、网民都存在一定的互联网治理诉求，设定政府、互联网媒体、网民为行为主体，政府的特征假设为对网络问题的关注度、公信力、政策严厉程度，互联网媒体的特征设定为对网络的关注度，网站环境（网站清朗度）；网民主要指使用互联网的个人。系统中包含 n 个网民智能主

体 $M = \{Agent_1, Agent_2, \cdots, Agent_n\}$ 等。（2）智能体行为规则设定并进行仿真模拟。网民的行为受其个人因素（年龄、学历等）、环境（政府、媒体）作用和影响，但同时网民的行为也会对后者进行改变，本部分将模拟真实社会中网民参与治理的行为，通过设定一系列行为准则进行仿真模拟实现。通过多智能体建模方法将互联网云治理主体（政府、互联网公司、网民）的业务流程表达清楚。

2. 基于区块链技术的互联网云治理实验平台设计

多主体云治理模式打破了传统的以政府为中心的单中心治理格局，主张多个服务或权利中心并存，通过竞争和协作的方式产生一个由多个权利中心构成的自主治理网络。而区块链作为一种新兴的网络信息技术，它的去中心和去信任等特点，能够在技术层面帮助实现良好的协同治理环境，真正把协同治理这一理论落到实处。具体研究内容包括：（1）基于区块链技术的互联网云治理系统的逻辑设计。本书提出的基于区块链技术的互联网云治理系统，将互联网云治理的流程与区块链技术深度融合，形成了无中心化组织、运转高效、信息准确的解决方案。其以一种开源许可区块链框架（Hyperledger Fabric）为基础，整体结构分为三层，包括系统应用层、业务逻辑层和区块链基础平台层。（2）基于区块链技术的互联网云治理系统的平台实现。本系统结合区块链技术，设计了一种分布式的互联网协同治理系统，该系统通过政府、网民和互联网媒体等主体的身份认证策略进行客户端的设备接入，可通过移动端或电脑端控制，同时在合约中加入多主体协同参与机制。区块链技术的数据可靠性允许每个参与节点都拥有完整的数据备份，并且由多个节点共同参与维护，解决了去中心化的核心问题。

3. 我国互联网云治理能力提升的对策建议

根据构建的云治理概念模型，依照能力成熟度模型从数据、工具、程序三个层面，建立互联网云治理成熟度的评价体系，并依照能力成熟度模型理论设计互联网云治理能力成熟度五个等级以及每个等级的关键过程域，构造完善的互联网云治理能力成熟度模型。依据该模型，对我国的互联网云治理能力成熟度等级进行测算，指出我国当前互联网云治理能力成熟度等级和特点，提出一套互联网可持续治理策略，以及我国今后在互联网治理中应该改进的重点。

参考文献

［1］中国互联网络信息中心. 第47次中国互联网络发展状况统计报告［R/OL］.（2021－02－03）［2021－07－08］. http://www. cnnic. net. cn/hlwfzyj/hlwxzbg/hlwtjbg/202102/t20210203_71361. htm.

［2］田丽. 互联网内容治理新趋势［J］. 新闻爱好者，2018，487（7）：11－13.

［3］国家互联网应急中心. 2019年中国互联网网络安全报告［R/OL］.（2020－08－11）［2021－07－08］. http://www. cac. gov. cn/2020－08/11/c. 1598702053181221. htm.

［4］国家信息中心，瑞星公司. 2020年中国网络安全报告［R/OL］.（2020－1－04）［2020－07－08］. http://it. rising. com. cn/dongtai/19747. html.

［5］国务院新闻办公室.《新疆的反恐、去极端化斗争与人权保障》白皮书［R/OL］.（2019－03－18）［2021－07－08］. http://www. scio. gov. cn/ztk/dtzt/39912/40016/index. htm.

［6］张坯. 网络空间全球治理机制的中国方案研究［D］. 长沙：湖南师范大学，2020.

［7］高红静.《网络安全法》织牢网络安全网［J］. 网络传播，2016（12）：84－84.

［8］支振锋. 尊重国家网络主权［N/OL］. 人民日报，2016－02－17［2021－07－08］. http://media. people. com. cn/n1/2016/0217/c40606－28128916. html.

［9］范大祺. 共建网络空间命运共同体是推动人类命运共同体建设的有效途径［EB/OL］. http://www. cac. gov. cn/2018－05/04/c_1122784189. htm.

［10］于春晖. 科学的互联网思想 指引我国网络强国建设稳步前行［N/OL］. 人民日报，2021－03－04［2021－07－08］. https://news. cctv. com/2021/03/04/ARTIFq92VTrk65eeW6Dz3x1V210304. shtml.

［11］郑振宇. 改革开放以来我国互联网治理的演变历程与基本经验［J］. 马克思主义研究，2019（1）：58－67.

［12］BOX S. "OECD Work on Innovation－A Stocktaking of Existing Work," OECD Science, Technology and Industry Working Papers［R/OL］.（2016－

05-04）[2021-07-08]. https://www.docin.com/p-1560082884.html.
[13] 王明国. 全球互联网治理的模式变迁、制度逻辑与重构路径 [J]. 世界经济与政治，2015（3）：47-73+157-158.
[14] 王齐齐. 国内网络治理研究回顾及展望：基于 CiteSpace 软件的可视化分析 [J]. 重庆邮电大学学报（社会科学版），2021（1）：92-102.
[15] 马建青，李琼. 构建网络空间命运共同体：全球互联网治理范式演进和中国路径选择 [J]. 毛泽东邓小平理论研究，2019（10）：33-42+108.
[16] 章晓英，苗伟山. 互联网治理：概念、演变及建构 [J]. 新闻与传播研究，2015，22（9）：117-125.
[17] 蒋力啸. 试析互联网治理的概念、机制与困境 [J]. 江南社会学院学报，2011（9）：34-38.
[18] 潘旭飞. 互联网安全治理的问题与对策研究 [D]. 呼和浩特：内蒙古大学，2018.
[19] 彭波，张权. 中国互联网治理模式的形成及嬗变（1994—2019）[J]. 新闻与传播研究，2020，27（8）：44-65+127.
[20] 李超民，张坯. 网络空间全球治理的“中国方案”与实践创新 [J]. 管理学刊，2020，33（6）：1-12.
[21] 俞可平. 治理与善治 [M]. 北京：社会科学文献出版社，2000.
[22] 陈广胜. 走向善治 [M]. 杭州：浙江大学出版社，2007.
[23] 展菲菲. 协同治理视角下网络暴力治理研究 [D]. 曲阜：曲阜师范大学，2019.
[24] 童星. 发展社会学与中国现代化 [M]. 北京：社会科学文献出版社，2005.
[25] 许斌丰. 技术创新链视角下长三角三省一市区域创新系统协同研究 [D]. 合肥：中国科学技术大学，2018.
[26] 付龙昌. 辽宁省协同创新驱动区域经济发展的模式、路径和政策研究 [D]. 大连：大连交通大学，2018.
[27] 田培杰. 协同治理：理论研究框架与分析模型 [D]. 上海：上海交通大学，2013.
[28] 赵锦. 中国网约车服务业的协同治理研究 [D]. 武汉：华中师范大学，2016.

[29] 鲁春丛. 中国互联网治理的成就与前景展望 [J]. 人民论坛, 2016 (4): 28-30.

[30] 郑文明. 互联网治理模式的中国选择 [N/OL]. 中国社会科学报, 2017-08-17[2021-07-08]. http://www.cssn.cn/zx/201708/t20170817_3612572_1.shtml.

[31] SOLUM B L. Models of Internet Governance [D]. Illinois: University of Illinois, 2008.

[32] SORENSEN E, TORFING J. Theories of Democratic Network Governance [M]. New York: Palgrave Macmillan, 2008.

[33] 张康之, 程倩. 网络治理理论及其实践 [J]. 新视野, 2010 (6): 36-39.

[34] 唐庆鹏. 网络空间治理体系和治理能力建设的基本逻辑 [N/OL]. 中国社会科学报, 2020-02-20[2021-07-08]. http://news.cssn.cn/zx/bwyc/202002/t20200220_5090712.shtml.

[35] 叶敏. 中国互联网治理: 目标、方式与特征 [J]. 新视野, 2011 (1): 45-47.

[36] 蔡丹. 中国互联网治理模式与机制探析 [J]. 现代交际, 2012 (6): 64.

[37] 王明国. 全球互联网治理的模式变迁制度逻辑与重构路径 [J]. 世界经济与政治, 2015 (3): 47-73.

[38] 苗国厚. 互联网治理的历史演进与前瞻 [J]. 重庆社会科学, 2014 (11): 82-86.

[39] 赵玉林. 构建我国互联网多元治理模式: 匡正互联网服务商参与网络治理的“四大乱象” [J]. 中国行政管理, 2015 (1): 16-20.

[40] 邹军. 全球互联网治理的模式重构、中国机遇和参与路径 [J]. 南京师大学报 (社会科学版), 2016 (3): 57-63.

[41] 金超. “枫桥经验”视野下的互联网治理之道: 自治、法治、德治相结合的网络社会治理模式构建 [J]. 浙江警察学院学报, 2019 (3): 20-31.

[42] 许亚伟. 中国互联网治理机制研究 [D]. 北京: 北京邮电大学, 2008.

[43] 王荣国. 互联网治理的问题与治理机制模式研究 [J]. 山东行政学院学报, 2012 (2): 23-25.

[44] 柳强. 互联网治理信息的共享研究 [D]. 北京：北京邮电大学，2014

[45] 张鑫. 网络空间治理的发展实践与优化路径 [J]. 新视野，2019 (6)：65-71.

[46] 李彦，曾润喜. 历史制度主义视角下的中国互联网治理制度变迁 (1994—2019) [J]. 电子政务，2019，198 (6)：37-45.

[47] 宋嘉庚，赵璐敏，张钰儿. 网络治理视角下网络监管机制探析 [J]. 出版发行研究，2020，342 (5)：54-60.

[48] KNAKE R K. Internet Governance in an Age of Cyber Insecurity [R]. Foreign Affairs Report, 2010.

[49] SHACKELFORD S, RICHARD E, RAYMOND A, et al. IGovernance: The Future of Multi - Stakeholder Internet Governance in the Wake of the Apple Encryption Saga [EB/OL]. (2016 - 10 - 12) [2016 - 10- 12]. https://ssrn. com/abstract = 2851283.

[50] STIER S, SCHÜNEMANN W J, STEIGER S. Of activists and gatekeepers: Temporal and structural properties of policy networks on Twitter [J]. New Media & Society, 2017,20(5):1910-1930.

[51] 巫思滨. 互联网不良信息综合治理研究[D]. 北京:北京邮电大学,2011.

[52] 李敏. 网络信息治理的国外考察及启示[J]. 特区经济,2012(10):281-283.

[53] 梅松. 国家总体安全观视域下的互联网信息治理研究[J]. 社会治理法治前沿年刊,2016:101-112.

[54] 叶雪枫. 中国社交类网络平台新闻信息治理研究[D]. 上海:上海社会科学院,2018.

[55] 魏娜,范梓腾,孟庆国. 中国互联网信息服务治理机构网络关系演化与变迁:基于政策文献的量化考察[J]. 公共管理学报,2019,16(2):91-104+172-173.

[56] 尹健. 中国互联网信息的治理机制及路径优化研究[D]. 广州:暨南大学,2019.

[57] 谢新洲,石林. 基于互联网技术的网络内容治理发展逻辑探究[J]. 北京大学学报(哲学社会科学版),2020,57(4):127-138.

[58] CASTELLS M. The Rise of the Network Society-The Information Age: Econo-

my, Society, and Culture [M]. New Jersey: John Wiley & Sons, 2011.
[59] SUNSTEIN C R. Republic. com [M]. Princeton : Princeton University Press, 2002.
[60] TOFFLER A, Toffler H. Revolutionary Wealth [J]. New Perspectives Quarterly, 2013, 30(4):122-130.
[61] KLEINWACHTER W, ALMEIDA V A F. The Internet Governance Ecosystem and the Rainforest [J]. IEEE Internet Computing, 2015, 19(2):64-67.
[62] ALMEIDA V A F. The Evolution of Internet Governance: Lessons Learned from NETmundial [J]. IEEE Internet Computing, 2014, 18(5):65-69.
[63] CERF V G. Internet Governance and the Internet Governance Forum Redux [J]. IEEE Internet Computing, 2015, 19(2):96-96.
[64] OSTROM E. Governing the commons [M]. Cambridge: Cambridge university press, 2015.
[65] 张伟,金蕊. 中外互联网治理模式的演化路径[J]. 南京邮电大学学报(社会科学版),2016,18(4):14-20.
[66] 雷辉,王鑫,王亚男,龙泽. 行动者网络主体的网络正能量协同治理研究[J]. 湖南大学学报(社会科学版),2015,29(2):58-62.
[67] 雷志春. 马克思主义群众观视域下中国网络空间治理模式研究[D]. 武汉:华中科技大学,2018.
[68] 居梦菲,叶中华. 网络食品安全谣言治理研究[J]. 电子政务,2018(9):66-76.
[69] 郭倩. 从生态学角度审视新媒体协同治理[J]. 中北大学学报(社会科学版),2019,35(6):12-17.
[70] 杨伟伟. “七维”协同治理:推进我国互联网公开募捐信息平台的规范化建设:基于首批11家公开募捐信息平台的分析[J]. 理论月刊,2019(6):145-154.
[71] 张一文,齐佳音,方滨兴,等. 基于贝叶斯网络建模的非常规危机事件网络舆情预警研究[J]. 图书情报工作,2012,56(2):76-81.
[72] NEGRON M A. A Bayesian Belief Network analysis of the Internet governance conflict [C]. International Conference for Internet Technology & Secured Transactions. IEEE, 2014.

[73]许凤,戚湧. 基于贝叶斯网络的互联网协同治理研究[J]. 管理学报,2017,14(11):1718-1727.

[74]仝鑫. 基于贝叶斯网络的公安网络执法手段研究[J]. 网络空间安全,2018,9(1):99-104.

[75]杨静,邹梅,黄微. 基于动态贝叶斯网络的网络舆情危机等级预测模型[J]. 情报科学,2019,37(5):92-97.

[76]田世海,孙美琪,张家毓. 基于贝叶斯网络的自媒体舆情反转预测[J]. 情报理论与实践,2019,42(2):127-133.

[77]陈震,王静茹. 基于贝叶斯网络的网络舆情事件分析[J]. 情报科学,2020,38(4):51-56+69.

[78]朱敏. 基于朴素贝叶斯的社交网络入侵行为取证模型构建[J]. 廊坊师范学院学报(自然科学版),2020,20(4):11-15.

[79]王茜仪,杜明坤,孙逸飞. 基于 PCA-贝叶斯算法的网络舆情预测研究[J]. 无线互联科技,2020,17(15):43-46.

[80]戚湧,许凤. 基于演化博弈的互联网协同治理[J]. 南京理工大学学报,2016,40(6):752-758.

[81]何洪阳. 基于演化博弈的互联网信息服务业多元治理研究[D]. 重庆:重庆邮电大学,2019.

[82]卢金荣,李意. 基于演化博弈的我国互联网空间意识形态治理研究[J]. 青岛科技大学学报(社会科学版),2019,35(3):75-80.

[83]杨丽颖. 多方主体参与下涉医网络舆情演化博弈研究[J]. 图书情报导刊,2019,4(1):48-55.

[84]祁凯,杨志. 突发危机事件网络舆情治理的多情景演化博弈分析[J]. 中国管理科学,2020,28(3):59-70.

[85]张凤哲. 基于多方博弈的网络舆情协同共生机制研究[J]. 情报探索,2020(2):21-27.

[86]李钱钱. 基于演化博弈的突发事件网络舆情传播研究[D]. 郑州:郑州大学,2020.

[87]卢安文,何洪阳. 基于演化博弈的互联网信息服务业多元协同治理研究[J]. 运筹与管理,2020,29(11):53-59.

[88]彭浩,周杰,周豪, 等. 微博网络中基于主题发现的舆情分析[J]. 电讯技

术,2015(6):611-617.
[89]彭梅. 开放网络环境下不良信息的识别[J]. 电子技术与软件工程,2017(5):224-225.
[90]孟晗. 面向社交网络的舆情捕捉分析策略的研究与应用[D]. 北京:北京工业大学,2017.
[91]邓胜利,汪奋奋. 互联网治理视角下网络虚假评论信息识别的研究进展[J]. 信息资源管理学报,2019(3):73-81.
[92]喻国明. 人工智能与算法推荐下的网络治理之道[J]. 新闻与写作,2019(1):61-64.
[93]张昶,李晓峰,任媛媛. 基于数据挖掘的互联网金融平台风险治理研究[J]. 价值工程,2019(8):148-151.
[94]王民昆,王浩,苏博. 基于深度学习 LSTM 算法的社会网络的舆情监测[J]. 现代计算机,2020(33):20-24.
[95]杨文阳. 基于遗传算法和贪心算法的网络舆情传播优化模型构建研究[J]. 中国电子科学研究院学报,2020(11):1057-1064.
[96]李振鹏,陈碧珍,罗静宇. 基于文本挖掘的网络舆情分类研究[J]. 系统科学与数学,2020,40(5):813-826.
[97]谢新洲. 协同治理助推网络空间清朗[N/OL]. 光明网,2017-04-19[2021-07-08]. https://epaper. gmw. cn/gmrb/html/2017-04/19/nw. D110000gmrb_20170419_7-03. htm.
[98] 张宇敬, 齐晓娜. 大数据时代个人隐私权保护机制构建与完善 [J]. 人民论坛, 2016 (5): 156-158.
[99] 李文军. 大数据时代政府网络舆情治理结构研究 [J]. 中国应急管理科学, 2020 (9): 48-55.
[100] 何艳波. 大数据在社会治理中的智能应用研究 [J]. 中国管理信息化, 2021 (2): 215-216.
[101] 许峰. 以大数据思维创新网络舆情管理 [J]. 人民论坛, 2018 (27): 40-41.
[102] 王琳琳, 齐南南, 艾锋. 大数据时代网络舆情治理模式研究 [J]. 中国电子科学研究院学报, 2018, 13 (5): 502-505.
[103] 张爱军, 李圆. 大数据视域下网络舆情的治理困境及应对策略 [J].

山东科技大学学报（社会科学版），2019，21（5）：1-7.
[104] 李净，谢霄男. 网络舆情治理中大数据技术的运用研究［J］. 东南传播，2020（3）：100-101.
[105] 王威. 大数据时代的互联网内容建设与治理［N］. 中国社会科学报，2018-05-17.
[106] 张晓静. 协同治理与智慧治理：大数据时代互联网广告的治理体系研究［J］. 广告大观（理论版），2016（5）：4-9.
[107] 张樱馨. 大数据背景下中国互联网违法违规内容的治理与发展［J］. 大数据时代，2020（1）：26-31.
[108] 屈秀伟. 基于大数据的互联网金融创新模式应用研究［D］. 哈尔滨：黑龙江大学，2015.
[109] 申曙光，曾望峰. 互联网时代的大数据与医疗保险治理［J］. 社会科学战线，2018（7）：224-232.
[110] 周明祥. 基于大数据的互联网金融治理体系构建研究［J］. 商丘职业技术学院学报，2019，18（5）：44-46.
[111] 索雷斯. 大数据治理［M］. 匡斌，译. 北京：清华大学出版社，2014.
[112] 张建军. 构建网络空间命运共同体，应对全球互联网发展新挑战［EB/OL］.（2019-10-22）［2021-07-08］. http://theory. people. com. cn/n1/2019/1022/c40531-31412824. html.
[113] 杨晶鸿. 大数据影响下的网络社会治理框架构建及路径优化研究［D］. 南京：南京工业大学，2019.
[114] 周毅. 试论网络信息内容治理主体构成及其行动转型［J］. 电子政务，2020，216（12）：41-51.
[115] 田丽. 互联网内容治理新趋势［J］. 新闻爱好者，2018（7）：9-11.
[116] 金蕊. 中外互联网治理模式研究［D］. 上海：华东政法大学，2016.
[117] LEYDESDORFF L. The Triple Helix—University-Industry-Government Relations：A Laboratory for Knowledge-Based Economic Development［J］. Glycoconjugate Journal，1995，14（1）：14-19.
[118] 熊光清. 网络突发事件特征及应对［J］. 人民论坛，2014（6）：68-69.
[119] 刘佳，陈增强，刘忠信. 多智能体系统及其协同控制研究进展［J］. 智能系统学报，2010，5（1）：1-9.

[120] 刘浩广, 蔡绍洪, 张玉强. 无标度网络模型研究进展 [J]. 大学物理, 2008, 27 (4): 43-47.

[121] 国家卫健委: 4 月 15 日新增确诊病例 46 例其中境外输入 34 例 新增无症状感染者 64 例 [R/OL]. (2020-04-16) [2021-07-08]. http://www.xinhuanet.com/2020-04/16/c_1125863251.htm.

[122] 李昌祖, 张洪生. 网络舆情的概念解析 [J]. 现代传播, 2010 (9): 139-140.

[123] 许鑫, 章成志, 李雯静. 国内网络舆情研究的回顾与展望 [J]. 情报理论与实践, 2009 (3): 119-124.

[124] 尹楠. CSSCI 与中文核心期刊网络舆情对比研究 [J]. 新世纪图书馆, 2016 (8): 41-46.

[125] 中国信息通信研究院. 全球数字经济新图景 (2019 年) [R/OL]. (2019-10-11) [2021-07-08]. http://www.caict.ac.cn/kxyj/qwfb/bps/201910/t20191011_214714.htm.

[126] 汪玉凯. 十九大 "互联网八题" 建网络强国 [J]. 网络传播, 2018 (1): 28-29.

[127] 翟云. 中国大数据治理模式创新及其发展路径研究 [J]. 电子政务, 2018 (8): 12-26.

[128] 孙大鹏, 朱振坤. 社会网络的四种功能框架及其测量 [J]. 当代经济科学, 2010 (2): 69-77.

[129] 刘军, 张立柱. 隐性知识交流网络中员工重要性评价模型 [J]. 统计与决策, 2013 (8): 55-57.

[130] 秦璐, 高歌. 中国物流运营网络中的城市节点层级分析 [J]. 经济地理, 2017, 37 (5): 101-109.

[131] 张凌, 罗曼曼, 朱礼军. 基于社交网络的信息扩散分析研究 [J]. 数据分析与知识发现, 2018, 2 (2): 46-57.

[132] 黄家赓. 网络综合治理体系的建与立 [J]. 网络传播, 2018 (4): 60-61.

[133] 黄丽娜, 黄璐, 邵晓. 基于共词分析的中国互联网政策变迁: 历史、逻辑与未来 [J]. 情报杂志, 2019, 38 (5): 83-91+70.

[134] 王梦瑶, 胡泳. 中国互联网治理的历史演变 [J]. 现代传播 (中国传媒大学学报), 2016 (4): 127-133.

[135] 以创新的精神加强网络文化建设和管理满足人民群众日益增长的精神文化需求［N］. 人民日报, 2007-01-25.

[136] 高举中国特色社会主义伟大旗帜为夺取全面建设小康社会新胜利而奋斗：在中国共产党第十七次全国代表大会上的报告［J］. 求是, 2007 (21).

[137] 魏娜, 黄甄铭. 适应与演化：中国互联网信息服务治理体系的政策文献量化分析［J］. 中国行政管理, 2020 (12): 47-55.

[138] 汪玉凯. 人民日报：网络强国战略助推发展转型［N/OL］. (2016-02-17)［2021-07-08］. http://media.people.com.cn/n1/2016/0217/c40606-28128917.html.

[139] 王四新. 维护网络安全是构建网络空间命运共同体的基础［EB/OL］. (2021-02-07)［2021-07-08］. https://theory.gmw.cn/2021-02/06/content_34602889.htm.

[140] 睢贵芳. 云计算模式下大数据处理技术初探［J］. 网络安全技术与应用, 2020 (7): 79-80.

[141] 贺丽丽. 探讨云计算模式下大数据处理技术［J］. 科技视界, 2020, (26): 95-96.

[142] 陈丰乐. 大数据与云计算的关系及其对通信行业的影响［J］. 中国新通信, 2020 (13): 8-10.

[143] 赵宬斐, 李璐. "云治理"视域下"共建共治共享"机制创新路径研究［J］. 石河子大学学报（哲学社会科学版）, 2019 (1): 23-29.

[144] 李振. 关注"云治理"［N/OL］. 人民日报, 2017-01-20［2021-07-08］. http://theory.people.com.cn/n1/2017/0120/c40531-29037417.html.

[145] 于秀艳, 程钧镆. 企业云治理框架研究［J］. 科技管理研究, 2013 (10): 175-178.

[146] 万艺. 政府"云治理"模式的社会风险研究［D］. 杭州：杭州师范大学, 2020.

[147] 罗丹. 社区"云"治理：大数据时代社区治理创新模式研究［J］. 中国集体经济, 2018 (18): 8-9.

[148] 杨芳, 郭宏刚. "云治理"提升我国社会警务管理策略研究［J］. 河北公安警察职业学院学报, 2019, 19 (2): 14-16.

[149] 荀正瑜. 2019 年互联网治理呈现什么特点? [R/OL]. (2020-01-16) [2021-07-08]. https://www.soho.com/a/367216808.584217.
[150] 马源源，庄新田，李凌轩. 股市中危机传播的 SIR 模型及其仿真 [J]. 管理科学学报. 2013，16 (7)：80-94.
[151] 也洪辉. 基于 SIR 模型的银行危机传染研究 [D]. 长沙：湖南大学，2012.
[152] 王超，杨旭颖，徐珂，等. 基于 SEIR 的社交网络信息传播模型 [J]. 电子学报，2014 (11)：2325-2330.
[153] 杨子龙，黄曙光，王珍，等. 基于信息老化特征的微博传播模型研究 [J]. 计算机科学，2014，41 (12)：82-85.
[154] 丁学君. 基于 SCIR 的微博舆情话题传播模型研究 [J]. 计算机工程与应用，2015，51 (8)：20-26.
[155] 赵晓晓，钮钦. 基于 SIR 模型的重大水利工程建设的社会风险扩散路径研究 [J]. 工程管理学报，2014，28 (1)：46-50.
[156] 姚洪兴，孔垂青，周凤燕等. 基于复杂网络的企业间风险传播模型 [J]. 统计与决策，2015，435 (15)：185-188.
[157] 尹楠. 森林火灾 SIR 模型及仿真模拟 [J]. 统计与决策，2016，463 (19)：76-77.
[158] 杨菁，孙宝文. 公共危机事件网络舆情危机水平评测研究 [J]. 中央财经大学学报，2011 (10)：18-22.
[159] 王林，时勘，赵杨，等. 基于突发事件的微博集群行为舆情感知实验 [J]. 情报杂志，2013，32 (5)：32-48.
[160] 刘杨. 突发公共事件网络舆情的引导策略 [J]. 编辑学刊，2014 (2)：88-91.
[161] 陈璟浩，李纲. 突发公共事件网络舆情在网络媒体中的传播过程 [J]. 图书情报知识，2015，163 (1)：116-123.
[162] 肖来付. 网络舆情时代的企业危机应对与管理：基于“长尾理论”的视角 [J]. 重庆邮电大学学报 (社会科学版)，2013，25 (6)：115-119.
[163] 段鹏. 国有企业舆情风险与危机传播管理体系研究 [J]. 当代传播，2015 (1)：32-35.
[164] 朱舸，齐佳音. 企业危机事件网络舆情态势评估 [J]. 情报科学，

2015，33（6）：48-57.
[165] 王小丽，丁博. P2P 网络借贷的分析及其策略建议［J］. 国际金融，2013（30）：25-31.
[166] 网贷之家. 最新 2019 年中国网络借贷行业年报［R/OL］.（2020-01-07）［2021-07-08］. https://www.sohu.com/a/365379091_319643.
[167] 平安陆金所. 公司介绍［EB/OL］（2012-03-01）［2021-07-08］. https://www.lu.com/about/aboutus.html.
[168] 牛龙. P2P 网络借贷平台的风险控制研究［D］. 武汉：中南财经政法大学，2018.
[169] 莫易娴. P2P 网络借贷国内外理论与实践研究文献综述［J］. 金融讲坛，2012（12）：28-32.
[170] 何晓玲，王玫. P2P 网络借贷现状及风险防范［J］. 金融视线，2013（7）：79-82.
[171] 罗杨. 我国 P2P 网络借贷的风险管理体系的构建［D］. 杭州：浙江理工大学，2014.
[172] 王国梁. 互联网金融 P2P 网络借贷模式的风险和监管路径探析［J］. 金融科技，2014（8）：26-29.
[173] 钱金叶，杨飞. 中国 P2P 网络借贷的发展现状及前景.［J］金融论坛，2012（11）：68-70.
[174] 徐学梅，唐钊. 大数据时代个人信息保护与互联网广告治理［J］. 视听，2019（1）：204-205.
[175] 顾建光. 公共政策工具研究的意义，基础与层面［J］. 公共管理学报，2006，3（4）：58-61.
[176] DAHL R A. Politics, Economics, and Welfare［J］. The American Catholic Sociological Review, 1953, 14（3）：187.
[177] 郑文静，么鸿雁，刘剑君等. 基于政策工具的卫生城市创建政策文本量化研究［J］. 中华预防医学杂志，2020，54（9）：988-992.
[178] 翟燕霞，石培华. 政策工具视角下我国健康旅游产业政策文本量化研究［J］. 生态经济，2021，37（7）：124-131.
[179] 翟东堂，霍佳伟. 政策工具选择的影响因素研究：以中国光伏产业政策为例［J］. 石家庄学院学报，2021，23（4）：46-54.

[180] 李文娟，王国华，李慧芳. 互联网信息服务政策工具的变迁研究：基于1994—2018年的国家政策文本［J］. 电子政务，2019（7）：42-55.
[181] 孙宇，冯丽烁. 1994—2014年中国互联网治理政策的变迁逻辑［J］. 情报杂志，2017，36（1）：87-91+141.
[182] 邓可. 中国互联网治理的政策文本分：基于NVivo的质性研究［J］. 福建行政学院学报，2019（4）：50-61.
[183] 黄丽娜，黄璐. 中国互联网治理的政策工具：型构、选择与优化：基于1994—2017年互联网政策文本的内容分析［J］. 情报杂志，2020，39（4）：90-97+73.

附录
中国互联网治理的主要政策统计

序号	时间	政策名称	政策颁布机构
1	1994 年 2 月	中华人民共和国计算机信息系统安全保护条例	国务院
2	1995 年 12 月	加强电脑资讯网络国际联网管理的通知	中共中央办公厅、国务院办公厅
3	1996 年 2 月	中华人民共和国计算机信息网络国际联网管理暂行规定	国务院
4	1996 年 2 月	关于对与国际联网的计算机信息系统进行备案工作的通知	公安部
5	1996 年 4 月	中国公用计算机互联网国际联网管理办法	邮电部
6	1996 年 4 月	计算机信息网络国际联网出入口信道管理办法	邮电部
7	1996 年 6 月	关于计算机信息网络国际联网管理的有关决定	电子工业部
8	1996 年 7 月	公安部关于加强信息网络国际联网信息安全管理的通知	公安部
9	1997 年 5 月	利用国际互联网络开展对外新闻宣传的注意事项	国务院新闻办公室
10	1997 年 5 月	中国互联网络域名注册暂行管理办法	国务院信息化工作领导小组办公室

续表

序号	时间	政策名称	政策颁布机构
11	1997年6月	中国互联网络域名注册实施细则	国务院信息化工作领导小组办公室
12	1997年12月	计算机信息网络国际联网安全保护管理办法	公安部
13	1998年3月	中华人民共和国计算机信息网络国际联网管理暂行规定实施办法	国务院信息化工作领导小组
14	1998年9月	关于计算机信息网络国际联网业务实行经营许可证制度有关问题的通知	信息产业部
15	1998年9月	申办计算机信息网络国际联网业务主要程序	信息产业部电信管理局
16	1998年10月	关于利用国际互联网络开展对外新闻宣传的补充规定	国务院新闻办公室、新闻出版署
17	1999年10月	中央宣传部、中央对外宣传办公室关于加强国际互联网络新闻宣传工作的意见	中共中央办公厅
18	1999年10月	关于加强通过信息网络向公众传播广播电影电视类节目管理的通告	广播电影电视总局
19	2000年1月	计算机信息系统国际联网保密管理规定	保密局
20	2000年4月	信息网络传播广播电影电视类节目监督管理暂行办法	广播电影电视总局

续表

序号	时间	政策名称	政策颁布机构
21	2000 年 9 月	互联网信息服务管理办法	国务院
22	2000 年 9 月	中华人民共和国电信条例	国务院
23	2000 年 11 月	互联网站从事登载新闻业务管理暂行规定	国务院新闻办、信息产业部
24	2000 年 11 月	互联网电子公告服务管理规定	信息产业部
25	2000 年 11 月	关于互联网中文域名管理的通告	信息产业部
26	2000 年 11 月	关于审理涉及计算机网络著作权纠纷案件适用法律若干问题的解释	最高人民法院
27	2000 年 12 月	关于维护互联网安全的决定	全国人大常委会
28	2001 年 1 月	互联网药品信息服务管理暂行规定	国家药品监督管理局
29	2001 年 4 月	互联网上网服务营业场所管理办法	信息产业部、公安部、文化部、工商行政管理总局
30	2001 年 11 月	高等学校计算机网络电子公告服务管理规定	教育部
31	2002 年 3 月	关于进一步加强互联网新闻宣传和信息内容管理工作的意见	中共中央办公厅、国务院办公厅
32	2002 年 3 月	中国互联网络域名管理办法	信息产业部
33	2002 年 5 月	关于加强网络文化市场管理的通知	文化部

续表

序号	时间	政策名称	政策颁布机构
34	2002年6月	互联网出版管理暂行规定	新闻出版总署、信息产业部
35	2002年9月	互联网上网服务营业场所管理条例	国务院
36	2002年11月	关于中国互联网络域名体系的公告	信息产业部
37	2003年1月	互联网等信息网络传播视听节目管理办法	国家广播电影电视总局
38	2003年4月	关于加强互联网上网服务营业场所连锁经营管理的通知	文化部
39	2003年5月	互联网文化管理暂行规定	文化部
40	2003年8月	关于加强信息安全保障工作的意见	国家信息化领导小组、中共中央办公厅
41	2004年2月	关于开展网吧等互联网上网服务营业场所专项整治的意见	文化部、工商总局、公安部、信息产业部等9个部门
42	2004年7月	关于依法开展打击淫秽色情网站专项行动有关工作的通知	中央宣传部等14个部门
43	2004年7月	互联网药品信息服务管理办法	国家食品药品监督管理局
44	2004年8月	中华人民共和国电子签名法	全国人大常委会

续表

序号	时间	政策名称	政策颁布机构
45	2004 年 9 月	关于办理利用互联网、移动通讯终端、声讯台制作、复制、出版、贩卖、传播淫秽电子信息刑事案件具体应用法律若干问题的解释	最高法院、最高检察院
46	2004 年 9 月	打击淫秽色情网站专项行动工作方案	中央宣传部等 14 个部门
47	2004 年 11 月	关于进一步加强互联网管理工作的意见	中共中央办公厅、国务院办公厅
48	2005 年 2 月	非经营性互联网信息服务备案管理办法	信息产业部
49	2005 年 2 月	互联网 IP 地址备案管理办法	信息产业部
50	2005 年 4 月	互联网著作权行政保护办法	版权局、信息产业部
51	2005 年 9 月	互联网新闻信息服务管理规定	国务院新闻办公室、信息产业部
52	2005 年 9 月	关于进一步加强移动通信网络不良信息传播治理的通知	信息产业部
53	2005 年 9 月	集中开展互联网站清理整顿工作方案	中央宣传部等 14 个部门
54	2005 年 12 月	互联网安全保护技术措施规定	公安部
55	2006 年 3 月	互联网电子邮件服务管理办法	信息产业部
56	2006 年 7 月	信息网络传播权保护条例	国务院

续表

序号	时间	政策名称	政策颁布机构
57	2006年11月	关于网络音乐发展和管理的若干意见	文化部
58	2007年2月	关于进一步加强网吧及网络游戏管理工作的通知	文化部等14个部门
59	2007年6月	关于加强网络文化建设和管理的意见	中共中央办公厅、国务院办公厅
60	2007年6月	信息安全等级保护管理办法	公安部
61	2007年12月	互联网视听节目服务管理规定	广播电影电视总局、信息产业部
62	2008年2月	关于加强互联网地图和地理信息服务网站监管的意见	测绘局
63	2009年4月	互联网网络安全信息通报实施办法	工业和信息化部
64	2009年5月	关于计算机预装绿色上网过滤软件的通知	信息产业部
65	2009年5月	互联网医疗保健信息服务管理办法	卫生部
66	2009年8月	关于加强和改进网络音乐内容审查工作的通知	文化部
67	2010年1月	关于办理利用互联网、移动通讯终端、声讯台制作、复制、出版、贩卖、传播淫秽电子信息刑事案件具体应用法律若干问题的解释	最高法院、最高检察院
68	2010年3月	互联网视听节目服务业务分类目录（试行）	国家广播电影电视总局

续表

序号	时间	政策名称	政策颁布机构
69	2010 年 6 月	网络游戏管理暂行办法	文化部
70	2010 年 9 月	互联网销售彩票管理暂行办法	财政部
71	2010 年 10 月	关于发展电子书产业的意见	新闻出版总署
72	2011 年 1 月	中华人民共和国计算机信息系统安全保护条例	公安部
73	2011 年 2 月	互联网文化管理暂行规定	文化部
74	2011 年 4 月	互联网信息服务管理办法	国务院
75	2011 年 4 月	互联网上网服务营业场所管理条例	国务院
76	2012 年 6 月	关于大力推进信息化发展和切实保障信息安全的若干意见	国务院
77	2012 年 6 月	规范互联网信息服务市场秩序若干规定	工业和信息化部
78	2012 年 9 月	网络文化市场执法工作指引	文化部
79	2012 年 12 月	关于审理侵害信息网络传播权民事纠纷案件适用法律若干问题的规定	最高人民法院
80	2012 年 12 月	关于加强网络信息保护的决定	全国人大常委会
81	2013 年 1 月	关于促进主流媒体发展网络广播电视台的意见	广播电影电视总局
82	2013 年 7 月	互联网接入服务规范	工业和信息化部
83	2013 年 7 月	电信和互联网用户个人信息保护规定	工业和信息化部

续表

序号	时间	政策名称	政策颁布机构
84	2013 年 9 月	关于办理利用信息网络实施诽谤等刑事案件适用法律若干问题的解释	最高法院、最高检察院
85	2014 年 1 月	关于进一步完善网络剧、微电影等网络视听节目管理的补充通知	新闻出版广电总局
86	2014 年 6 月	最高人民法院关于审理利用信息网络侵害人身权益民事纠纷案件适用法律若干问题的规定	最高人民法院
87	2014 年 8 月	关于推动传统媒体和新兴媒体融合发展的指导意见	中央全面深化改革领导小组
88	2014 年 8 月	即时通信工具公众信息服务发展管理暂行规定	国家互联网信息办公室
89	2014 年 8 月	关于加强电信和互联网行业网络安全工作的指导意见	工业和信息化部
90	2014 年 8 月	关于授权国家互联网信息办公室负责互联网信息内容管理工作的通知	国务院
91	2014 年 10 月	关于在新闻网站核发新闻记者证的通知	国家新闻出版广电总局
92	2014 年 12 月	关于推动网络文学健康发展的指导意见	国家新闻出版广电总局
93	2015 年 2 月	互联网危险物品信息发布管理规定	公安部等 6 个部门

续表

序号	时间	政策名称	政策颁布机构
94	2015年3月	互联网用户账号名称管理规定	国家互联网信息办公室
95	2015年4月	互联网新闻信息服务单位约谈工作规定	国家互联网信息办公室
96	2015年4月	电子认证服务管理办法	工业和信息化部
97	2015年5月	关于加快高速宽带网络建设推进网络提速降费的指导意见	国务院办公厅
98	2015年6月	关于运用大数据加强对市场主体服务和监管的若干意见	国务院办公厅
99	2015年7月	关于积极推进“互联网+”行动的指导意见	国务院
100	2015年9月	促进大数据发展行动纲要	国务院
101	2015年10月	关于进一步加强和改进网络音乐内容管理工作的通知	文化部
102	2015年11月	云计算综合标准化体系建设指南	工业和信息化部
103	2015年11月	关于加强互联网领域侵权假冒行为治理的意见	国务院办公厅
104	2015年12月	互联网保险业务监管暂行办法	保监会
105	2015年12月	关于促进互联网金融健康发展的指导意见	人民银行、工业和信息化部、公安部等10个部门

续表

序号	时间	政策名称	政策颁布机构
106	2016年1月	关于组织实施促进大数据发展重大工程的通知	国家发改委
107	2016年6月	互联网信息搜索服务管理规定	国家互联网信息办公室
108	2016年6月	移动互联网应用程序信息服务管理规定	国家互联网信息办公室
109	2016年7月	关于加强网络表演管理工作的通知	文化部
110	2016年7月	互联网广告管理暂行办法	国家工商行政管理总局
111	2016年9月	关于加强网络视听节目直播服务管理有关问题的通知	国家新闻出版广电总局
112	2016年9月	关于进一步加强互联网上网服务营业场所管理的通知	国务院办公厅
113	2016年9月	关于加快推进“互联网+政务服务”工作的指导意见	国务院
114	2016年10月	关于印发互联网金融风险专项整治工作实施方案的通知	国务院办公厅
115	2016年11月	互联网直播服务管理规定	国家互联网信息办公室
116	2016年11月	中华人民共和国网络安全法	全国人大常委会
117	2016年11月	网络预约出租汽车经营服务管理暂行办法	交通运输部等7个部门
118	2016年12月	“十三五”国家信息化规划	国务院

续表

序号	时间	政策名称	政策颁布机构
119	2016年12月	互联网上网服务营业场所管理条例	国务院
120	2017年1月	关于印发“互联网+政务服务”技术体系建设指南的通知	国务院办公厅
121	2017年1月	大数据产业发展规划（2016—2020年）	工业和信息化部
122	2017年2月	关于促进移动互联网健康有序发展的意见	中共中央办公厅、国务院办公厅
123	2017年3月	网络借贷信息中介机构业务活动管理暂行办法	中国银监会、工业和信息化部、公安部、国家互联网信息办公室
124	2017年4月	云计算发展三年行动计划（2017—2019年）	工业和信息化部
125	2017年5月	网络产品和服务安全审查办法（试行）	国家互联网信息办公室
126	2017年5月	互联网新闻信息服务管理规定	国家互联网信息办公室
127	2017年5月	互联网新闻信息服务许可管理实施细则	国家互联网信息办公室
128	2017年6月	关于印发政府网站发展指引的通知	国务院办公厅
129	2017年7月	政务信息资源目录编制指南（试行）	国家发展改革委、中央网信办

续表

序号	时间	政策名称	政策颁布机构
130	2017 年 8 月	公共互联网网络安全威胁监测与处置办法	工业和信息化部
131	2017 年 8 月	互联网域名管理办法	工业和信息化部
132	2017 年 8 月	互联网论坛社区服务管理规定	国家互联网信息办公室
133	2017 年 8 月	互联网跟帖评论服务管理规定	国家互联网信息办公室
134	2017 年 9 月	互联网用户公众账号信息服务管理规定	国家互联网信息办公室
135	2017 年 9 月	互联网群组信息服务管理规定	国家互联网信息办公室
136	2017 年 9 月	《智慧城市时空大数据与云平台建设技术大纲》(2017 版)	国家测绘地理信息局
137	2017 年 9 月	关于深入开展“大数据 + 网上督察”工作的意见	公安部
138	2017 年 10 月	互联网新闻信息服务新技术新应用安全评估管理规定	国家互联网信息办公室
139	2017 年 10 月	互联网新闻信息服务单位内容管理从业人员管理办法	国家互联网信息办公室
140	2017 年 10 月	关于统筹推进民政信息化建设的指导意见	民政部
141	2017 年 10 月	互联网新闻信息服务管理规定	国家互联网信息办公室

续表

序号	时间	政策名称	政策颁布机构
142	2017 年 10 月	互联网信息内容管理行政执法程序规定	国家互联网信息办公室
143	2017 年 11 月	互联网域名管理办法	工业和信息化部
144	2017 年 12 月	网络游戏管理暂行办法	文化部
145	2017 年 12 月	推进互联网协议第六版（IPv6）规模部署行动计划	中共中央办公厅、国务院办公厅
146	2018 年 1 月	公共互联网网络安全威胁监测与处置办法	工业和信息化部
147	2018 年 2 月	微博客信息服务管理规定	国家互联网信息办公室
148	2018 年 5 月	关于印发银行业金融机构数据治理指引的通知	中国银行保险监督管理委员会
149	2018 年 6 月	关于印发进一步深化“互联网+政务服务”推进政务服务“一网、一门、一次”改革实施方案的通知	国务院办公厅
150	2018 年 9 月	公安机关互联网安全监督检查规定	公安部
151	2018 年 9 月	关于加强政府网站域名管理的通知	国务院办公厅
152	2018 年 10 月	关于进一步加强广播电视和网络视听文艺节目管理的通知	广播电视总局
153	2018 年 11 月	具有舆论属性或社会动员能力的互联网信息服务安全评估规定	国家互联网信息办公室

续表

序号	时间	政策名称	政策颁布机构
154	2018年11月	公安机关互联网安全监督检查规定	公安部
155	2018年12月	关于进一步规范货币市场基金互联网销售、赎回相关服务的指导意见	中国证监会、中国人民银行
156	2019年1月	关于印发《智慧城市时空大数据平台建设技术大纲（2019版）》的通知	自然资源部办公厅
157	2019年5月	区块链信息服务管理规定	国家互联网信息办公室
158	2019年6月	电信和互联网行业提升网络数据安全保护能力专项行动方案	工业和信息化部
159	2019年10月	云计算服务安全评估办法	国家互联网信息办公室、国家发展和改革委员会、工业和信息化部、财政部
160	2019年11月	儿童个人信息网络保护规定	国家互联网信息办公室
161	2019年11月	电信和互联网行业提升网络数据安全保护能力专项行动方案	工业和信息化部
162	2019年12月	关于推动广播电视和网络视听产业高质量发展的意见	广电总局
163	2019年12月	网络信息内容生态治理规定	国家互联网信息办公室

续表

序号	时间	政策名称	政策颁布机构
164	2020年4月	网络安全审查办法	国家互联网信息办公室、国家发展和改革委员会、工业和信息化部等12个部门
165	2020年7月	商业银行互联网贷款管理暂行办法	中国银行保险监督管理委员会
166	2020年7月	关于印发《国家新一代人工智能标准体系建设指南》的通知	国家标准化管理委员会、中央网信办、国家发展改革委、科技部、工业和信息化部
167	2020年7月	关于开展2020年网络安全技术应用试点示范工作的通知	工业和信息化部
168	2020年10月	关于发布《互联网互动视频数据格式规范》一项广播电视和网络视听行业标准的通知	国家广播电视总局
169	2020年10月	关于印发2020网络市场监管专项行动（网剑行动）方案的通知	市场监管总局
170	2020年10月	关于积极推进“互联网+”医疗服务医保支付工作的指导意见	医保局
171	2020年11月	关于深化“互联网+旅游”推动旅游业高质量发展的意见	文化和旅游部、发展改革委等10个部门
172	2020年12月	关于加快构建全国一体化大数据中心协同创新体系的指导意见	国家发改委

续表

序号	时间	政策名称	政策颁布机构
173	2020年12月	互联网保险业务监管办法	中国银行保险监督管理委员会
174	2020年12月	关于进一步优化营商环境推动互联网上网服务行业规范发展的通知	文化和旅游部
175	2021年1月	关于发布《互联网电视总体技术要求》等四项广播电视和网络视听行业标准的通知	国家广播电视总局
176	2021年1月	关于规范商业银行通过互联网开展个人存款业务有关事项的通知	中国银保监会办公厅、中国人民银行办公厅